ANNE HEINTZE

HOCHSENSIBEL IM BERUF

ANNE HEINTZE

HOCHSENSIBEL IM BERUF

WIE DU DANK DEINER EMPFINDSAMKEIT ERFOLGREICH WIRST

mvgverlag

Bibliografische Information der Deutschen Nationalbibliothek
Die Deutsche Nationalbibliothek verzeichnet diese Publikation in der Deutschen Nationalbibliografie. Detaillierte bibliografische Daten sind im Internet über http://d-nb.de abrufbar.

Für Fragen und Anregungen
info@mvg-verlag.de

Originalausgabe
1. Auflage 2019

Nymphenburger Straße 86
D-80636 München
Tel.: 089 651285-0
Fax: 089 652096

Redaktion: Silke Panten
Umschlaggestaltung: Isabella Dorsch
Umschlagabbildung: shutterstock.com/Macrovector, DeskGraphic
Satz: Müjde Puzziferri, MP Medien, München
Druck: CPI books GmbH, Leck
Printed in Germany

ISBN Print 978-3-7474-0094-4
ISBN E-Book (PDF) 978-3-96121-438-9
ISBN E-Book (EPUB, Mobi) 978-3-96121-439-6

Weitere Informationen zum Verlag finden Sie unter

www.mvg-verlag.de

Beachten Sie auch unsere weiteren Verlage unter www.m-vg.de.

INHALT

◇◇◇◇

ÜBER DIE KARRIERE ALS HOCHSENSIBLER MENSCH

◇◇◇◇

Schneller als der Blitz erfüllt das Gefühl meine Seele, aber anstatt mir Klarheit zu schaffen, entflammt und blendet es mich. Ich fühle alles und begreife nichts.

Jean-Jacques Rousseau

Hochsensibilität ist (beinahe) ganz normal! Ungefähr 10 Prozent der Menschen haben diese verfeinerte Wahrnehmung und diesen Tiefgang im Verarbeiten von Reizen. Gehörst du dazu? Dann freu dich! Dir steht die Tür zu einem höchst sinnhaften und erfüllten Leben weit offen. Hochsensible nehmen mehr wahr, verarbeiten Reize anders als Normalsensible und verfügen über ein feinfühliges Nervensystem. Ihre verstärkte Wahrnehmung über ihre Sinne macht es erforderlich, dass sie ihr Leben entsprechend einrichten, um nicht unter Reizüberflutung zu leiden und auszubrennen. Zum Glück gibt es zunehmend Aufklärung über Hochsensibilität, und das Bewusstsein über diese Wahrnehmungsbegabung wächst.

Allerdings wird ein Thema kaum beachtet: beruflicher Erfolg und Karrierezufriedenheit mit Hochsensibilität. Dabei wird es immer wichtiger, sich gerade im Berufsleben auf individuelle Bedürfnisse und Kompetenzen einzustellen, um nicht wertvolle Mitarbeiter und Führungskräfte zu verlieren. Hochsensible Menschen sind unverzichtbare Stützen der Gesellschaft, und wir sollten alles tun, um zu verhindern, dass immer mehr in die Burnout-Falle geraten. Leider ist es jedoch so, dass besonders empfindliche und feinfühlige Menschen schnell als Mimose, Weichei oder Sensibelchen abgewertet werden.

Die herausragenden Persönlichkeitsmerkmale hochsensibler Menschen sind im Berufsleben ein großer Gewinn. Ihre Potenziale sind in vielen Berufen nützlich, sowohl in angestellter als auch in freiberuflicher und selbstständiger Tätigkeit. Meiner Erfahrung nach sind besonders viele Selbstständige, Freelancer, Kleinunternehmer und Firmengründer hochsensibel. Sie haben frühzeitig erkannt, dass viele betriebliche Rahmenbedingungen für ihr persönliches berufliches Umfeld nicht förderlich sind. Seit 1983 bin ich bereits selbstständig. Es war mir früh klar, dass eine angestellte Tätigkeit nicht nur nicht meinem Naturell entspricht, sondern es geradezu erschwert, mein Potenzial voll zu leben.

Je früher ein Mensch seine Empfindsamkeit erkennt, umso früher kann er die richtigen Weichen stellen, um seine gewünschten Arbeitsbedingungen zu erreichen, zum Beispiel selbstverantwortliche und sinnstiftende Arbeit, positive Unternehmenskultur, Gerechtigkeit, Vielfältigkeit und angenehme Kollegen. Diese Kriterien sind für hochsensible Menschen oftmals sehr viel wichtiger als die Tätigkeit an sich. Mit einer unterstützenden Arbeitsatmosphäre können sie ihre Gaben voll ausschöpfen und so ihre beruflichen Aufgaben meist überdurchschnittlich gut erfüllen.

Wenn jedoch eine zunehmend destruktive Arbeitsatmosphäre, verunsichernde Jobperspektiven, unklare Arbeitsabläufe oder ein dauerhafter Konkurrenzkampf zwischen den Mitarbeitern dominieren, können Hochsensible schlechter damit umgehen als Normalsensible. Eine derartige Situation erzeugt in ihnen jede Menge Dysstress, was auf Dauer zu deutlichen körperlichen und seelischen Beeinträchtigungen führen kann.

Auch die Anforderungen und Ansprüche der Arbeitswelt sind nicht leicht zu erfüllen. Werden wir den Erwartungen anderer nicht gerecht, geraten wir leicht ins Abseits. Aus diesem Grund wird die tiefe Empfindsamkeit häufig als Last von den Betroffenen und dem Umfeld empfunden. Das führt leicht zu einem inneren Zwiespalt: Erfülle ich die Erwartungen der anderen oder gebe ich meiner inneren Stimme nach? Wahrscheinlich kennen alle Menschen diesen Zwiespalt: Das, was von mir erwartet wird, ist nicht das, was ich bei völlig freier Entscheidung tun würde. Hochsensible Menschen leiden allerdings oft noch mehr darunter, denn ihre Bedürfnisse sind nun mal nicht für jedermann verständlich, sie fallen damit oft aus dem Rahmen des Gewohnten. Egal, ob es sich um die verstärkte Wahrnehmung der fünf körperlichen Sinne handelt (Hochsensibilität) oder um eine intensive Wahrnehmung des sogenannten sechsten Sinns (Hochsensitivität) – das Leben in einer Umwelt, die nicht für solche Sinnesausprägungen geschaffen wurde, ist nicht leicht.

Anpassen, Verstecken, Zurückhaltung bei einem hochsensiblen oder hochsensitiven Menschen – ich sage auch gerne einfach »außergewöhnlichen Menschen« – führt langfristig zu nichts Gutem, das liegt auf der Hand. Die Auswirkungen können vielfältig sein: körperliche, seelische oder psychische Beschwerden in unterschiedlicher Intensität. Wir können jedoch viel dafür tun, unsere Umgebung so zu schaffen, wie sie uns guttut, und wir können lernen, mit unseren außergewöhnlichen Gaben richtig glücklich zu leben und eine erfolgreiche Karriere zu realisieren.

Das Buch beleuchtet die besonderen Lebens- und Arbeitsumstände der hochsensiblen Menschen, zeigt neben den möglichen

Herausforderungen vor allem auch auf, welche Chancen in der Feinsinnigkeit liegen.

DEINE GABEN SIND AUCH DEINE AUFGABEN

Mit hochsensiblen Sinnen die Welt erfahren, mit feinsten Wahrnehmungen Stimmungen erfassen, zarte Vorahnungen wahr werden sehen, Menschen hinter der Maske erfühlen – all das erleben hochsensible Menschen täglich. Aber es ist nicht immer leicht, diese Flut von Sinneseindrücken zu bewältigen und zu verarbeiten. Manchmal ist es sogar recht anstrengend, eine derartig feine Wahrnehmung zu besitzen. Dann wird dem Hochsensiblen die Welt zu viel und er braucht Rückzug, Stille und Neubesinnung. Leider kann man sich das nicht in jeder Alltagssituation gönnen. Das macht aber nichts. Es gibt viele andere nützliche Strategien, um sich das intensive Erleben leichter zu machen.

Zuerst ist es wichtig, die Feinfühligkeit als eine Gabe anzuerkennen und das enorme Potenzial, das darin liegt, schätzen zu lernen. Dieses Buch wird dir die Vorteile deiner Sensibilität im Beruf aufzeigen und dich dabei unterstützen, dieses Persönlichkeitsmerkmal für deinen Erfolg im Beruf einzusetzen.

Es gibt dir einen Einblick in das Phänomen Hochsensibilität sowie Hinweise für den förderlichen Umgang mit der Feinfühligkeit im beruflichen Alltag. Wenn du dich mit dir selbst insgesamt wohler fühlen, deinen Körper als Freund sehen, mehr Energie haben und weniger Stress, Druck und Erschöpfung erleben kannst, fühlt sich dein Leben auch insgesamt sehr viel leichter und unbeschwerter an.

Mach dir deine Außergewöhnlichkeit zum Freund

Wichtig ist also zu lernen, wie du mit deiner Empfindsamkeit bestmöglich umgehen und sie sogar als deine ganz persönliche Gabe nutzen kannst. Auf diesem Weg wird dir allmählich bewusst, welche Auswirkungen die besondere Feinfühligkeit im beruflichen Leben haben kann. In diesem Buch erhältst du wirkungsvolle Hinweise für Alltagsstrategien, die es dir ermöglichen, dich mit deiner Sensibilität anzufreunden und sie sinnvoll zu nutzen. Du erfährst auch, was du ganz praktisch in vielen Berufssituationen tun kannst, um dich besser abzugrenzen und mehr Selbstfürsorge zu entwickeln.

Genieße das Leben mit all deinen feinen Sinnen

Das Einfache hat oft die größte Kraft und die intensivste Wirkung. Darum biete ich dir hier eine große Zahl an unkomplizierten und alltagsorientierten Tipps, Impulsen und praktischen Übungen. Sie machen dir die Facetten deiner Empfindsamkeit stärker bewusst, lehren dich, das Beste aus diesem Potenzial zu machen und offenbaren dir deine ureigenen Stärken.

Deine hochsensiblen Sinne sind der Schlüssel zu mehr Lebensqualität. Ein ganz einfacher Vergleich: Jeder Handwerker wird ein Experte in seinem Fach, wenn er seine Werkzeuge virtuos beherrscht. Je besser er das kann, desto feiner werden seine »Werke«, desto schöner die Ergebnisse seiner Arbeit. Mit unseren Sinnen ist es nicht anders: Je besser wir mit ihnen umgehen können, desto feiner können wir die Wahrnehmungen steuern. Dazu dienen die Impulse dieses Buches.

Bald wirst du dir sagen: »Nicht *obwohl* ich so bin, wie ich bin, sondern weil ich so bin, wie ich bin, ist das Leben wunderbar.« Wer eine hohe Feinfühligkeit in sich erkennt und lernt, in Harmonie mit ihr zu leben, findet einen Schatz von großer Sinnhaftigkeit und Tiefe. Genau das wünsche ich dir!

Dieses Buch zeigt mit praktischen Anregungen, wie du

- deine Hochsensibilität kennenlernen und einschätzen kannst,
- deine Sinneswahrnehmungen filterst,
- Reizüberflutung weniger Raum gibst,
- die Botschaften deiner Wahrnehmungen besser verstehen kannst,
- immer stärker lösungsorientiert denkst und handelst,
- den Blick häufiger auf das Schöne an deiner Empfindsamkeit richtest.

Verschaffe dir Klarheit

Viele hochsensible Menschen leben ihr Leben bis zur »Entdeckung« dieser Qualität in einem Gefühl großer Bedrückung. Sie fühlen sich unverstanden, irgendwie falsch, fremd – wie von einem anderen Stern. Manche sind in ihrer Familie krasse Außenseiter, manchmal ist aber auch die ganze Verwandtschaft vom Außenseitertum geprägt, denn Hochsensibilität taucht in vielen Familien gehäuft auf.

Eine späte Erkenntnis führt zu sichtbarer Erleichterung und lässt ein Lachen in den Augen aufblitzen. Viele beginnen ihre Lebensgeschichte neu zu erzählen, so, als hätten die geänderten Vorzeichen alles in ein anderes Licht gerückt, als hätten sich ihre Perspektiven vollständig geändert. Der neue Blickwinkel ermöglicht eine Umdeutung all dessen, was war. Oft fällt die Vergangenheit zusammen wie ein Kartenhaus. Was einmal war, ist nicht mehr stimmig. Die Wirklichkeit ist eine andere geworden. Die neu entdeckte Tatsache, hochsensibel zu sein, und das Staunen darüber bewirken jedoch nicht nur eine Relativierung der Vergangenheit.

Nein, viel wichtiger ist das Gefühl, sich »wie am Anfang des Lebens« zu fühlen. So hat es eine liebe Freundin einmal bezeichnet. Vielleicht stehst auch du gerade an diesem wunderbar zarten Neuanfang. Es ist unwichtig, wie alt du bist – das neue Wissen um die Hochsensibilität kann erdrutschartige Erkenntnisprozesse in Gang setzen: ein staunenswertes Aha-Erlebnis nach dem anderen, plötzliche Klarheit und eine neue Sinnhaftigkeit. Sie ermöglichen Hochsensiblen oft, einen neuen Platz in ihrem Leben zu finden und mit frisch entdeckter Kraft einzunehmen.

Kein hochsensibler Mensch muss sich damit abfinden, ein Außenseiter zu sein. Eine tiefere Intuition, mehr Feingefühl und gelebte Kreativität – überleg einmal, wie schön diese Fähigkeiten hochsensibler Menschen unsere Welt machen! Sie müssen nur selbstbewusst gelebt werden. Hast du Lust darauf?

EIN WEG DER ERKENNTNIS

Noch immer gibt es große Ratlosigkeit, wenn ein Mensch erkennt, dass sich das, was er bemerkt und fühlt, von den Empfindungen der meisten anderen Menschen unterscheidet. Oft hält er sich dann für verkehrt oder gar krank.

Hochsensibel zu sein, kann sich in vielen verschiedenen Lebensbereichen auswirken. Jeder Mensch ist von Geburt an sehr sensibel. Jedes Baby hat sehr feine Antennen, mit denen es seine Umwelt erfasst. Seine Lieblingsmenschen kann es gut erkennen und es unterscheidet rasch zwischen ihm sympathischen und unsympathischen Leuten.

Schon bei kleinen Kindern ist früh zu erkennen, ob sie eine tiefere Wahrnehmung haben als ihre Altersgenossen: Sie reagieren intensiver auf Geräusche, Musik, Stimmungen oder Berührungen. Und besonders sensible Menschen bleiben es dann auch ihr Leben lang.

Es gibt jedoch Menschen, deren Hochsensibilität sich erst im Laufe des Lebens entwickelt hat. Je mehr stressbelastete Situationen oder traumatische Erlebnisse sie haben, umso feiner werden ihre Sinneskanäle. Ein zutiefst nützlicher Schutzmechanismus entsteht, dessen Auswirkungen ähnlich wie bei der angeborenen Hochsensibilität sind.

Vielleicht hast du schon erkannt, dass es völlig normal ist, feinfühlig zu sein. Und nun wünschst du dir Wege, wie du besser damit umgehen kannst. Coaching ist eine wirkungsvolle Art, um Impulse für eine Neuorientierung zu finden. Dabei regt der Coach bei seinem Klienten Veränderungen in Einstellung und Verhalten an und gibt ihm Werkzeuge an die Hand, mit denen er die neuen Erkenntnisse umsetzen kann.

Dasselbe möchte ich dir mit diesem Buch ermöglichen, denn du kannst damit dein eigener Karrierecoach sein. Das Buch unterstützt dich dabei, deinen persönlichen Entwicklungsprozess aktiv zu gestalten. Mit seiner Hilfe stellst du Gewohnheiten, Überzeugungen und Verhaltensweisen in Frage, um einen Wandel zu ermöglichen. Du gewinnst ein tieferes Verständnis über die Zusammenhänge zwischen intensiver Wahrnehmung, dem eigenem Denken und Fühlen und dem daraus resultierenden Verhalten. Das hilft dir, gezielte Strategien einzuüben, um mit deiner Empfindsamkeit auf neue Weise umzugehen. Auf eine Weise, die deine besonderen Fähigkeiten zu einem riesigen Gewinn für dein Leben werden lässt.

Damit wir uns verstehen …

Die meisten Menschen, selbst »Experten«, unterscheiden nicht zwischen Hochsensibilität und Hochsensitivität. Das mag daherkommen, dass Elaine Aron, die in den 1990er-Jahren in Amerika den Begriff Hochsensibilität erstmals beschrieben hat, die Bezeichnung »Highly Sensitive Person« verwendet hat.

Die deutschen Übersetzungen ihrer Bücher verwenden meist den Begriff Hochsensibilität ohne eine weitere Differenzierung. Andere Experten verwenden den Begriff Hochsensitivität und meinen damit auch Hochsensibilität. Der Terminus Hypersensibilität wird ebenfalls verwendet. Es gibt also keine einheitliche Definition – genau wie bei der Hochbegabung. Ich habe eine bewusste Unterscheidung der Begrifflichkeiten Hochsensibilität und Hochsensitivität gewählt, weil meinen Klienten diese Zuordnung wesentlich bei ihren Erkenntnisprozessen geholfen hat.

Hochsensitivität und Hochsensibilität treten oft gemeinsam auf, aber nicht immer. Es gibt Hochsensible ohne ausgeprägten sechsten Sinn und besonders große Empathie, und es gibt Hochsensitive, deren körperliche Sinneswahrnehmungen ganz normal ausgeprägt sind. Empfindsam oder empathisch, oder vielleicht beides – nur wer sich selbst versteht, kann lernen, seine Besonderheit wertzuschätzen.

Ich erkläre dir gleich, wie ich Hochsensibilität und Hochsensitivität unterscheide, werde jedoch in diesem Buch meistens die Begriffe Hochsensibilität oder, neutraler, Empfindsamkeit als übergeordneten Begriff verwenden, da dies die meisten Menschen ebenfalls tun. Wenn ich Hochsensitivität im Speziellen meine, werde ich dies entsprechend deutlich machen.

Was ist Hochsensibilität?

Sie ist nach meiner Definition eine besonders ausgeprägte Begabung zu feiner, intensiver und empfindlicher Wahrnehmung mit allen fünf körperlichen Sinnen. Belegbare Zahlen existieren über Hochsensibilität leider nicht. Ich schätze – rein nach Erfahrungswerten – dass maximal 10 Prozent aller Menschen hochsensibel und hochsensitiv sind. Es sind also wirklich außergewöhnliche Menschen.

Hochsensible Menschen leiden oft unter Reizüberflutung durch die vielfältigen Eindrücke, denen sie mit ihren zarten Sinnen ausgesetzt sind. Menschen mit hoher Wahrnehmungsfähigkeit haben aufgrund einer physiologischen Disposition ihres Nervensystems eine erhöhte Empfänglichkeit für Reize, und zwar sowohl für äußere Reize wie Geräusche oder Gerüche (was ich als Hochsensibilität begreife) als auch für innere wie Stimmungen, Gefühle anderer, Erinnerungen und Ahnungen (worunter ich Hochsensitivität verstehe).

Die möglichen Erscheinungsformen von hoher Empfindsamkeit sind weit gefächert. Jeder Sinneseindruck kann stärker und damit detaillierter wahrgenommen werden. Diese intensive

Wahrnehmung führt dazu, dass hochsensible Menschen mehr Informationen aufnehmen können als ihre nicht hochsensiblen Mitmenschen, sodass sie Dinge registrieren können, die anderen entgehen.

So dünnhäutige Menschen verfügen zwar oft über ein reiches inneres Potenzial, können dieses aber nicht voll in ihr Leben integrieren, weil sie ständig damit beschäftigt sind, sich vor Reizen zu schützen und sich anzupassen. Das führt dann oft dazu, dass der hochsensible Mensch sich zurückzieht, emotional instabil wird, sich überfordert fühlt oder unter starken Stresssymptomen leidet.

Viele – aber nicht alle – kognitiv hochbegabten Menschen sind gleichzeitig auch hochsensibel. Zu ihrer intellektuellen Begabung kommt die hohe Sensibilität hinzu. Hochsensibilität ist für mich eine besondere Form der Hochbegabung, eine Form der multiplen Intelligenz. Empfindsamkeit ist jedenfalls kein Fluch. Sie ist eine Gabe, wenn es gelingt, diese besondere Wahrnehmungsfähigkeit gesund und förderlich ins eigene Leben zu integrieren und die Umwelt daran teilhaben zu lassen.

Was tun?

- Zunächst einmal geht es um Akzeptanz: »Ich bin okay, wie ich bin.«
- Dann endet der Anpassungsdruck: »Ich will nicht sein wie ihr.«
- Andere verlieren ihren Einfluss: »Ich muss mich nicht vergleichen.«
- Es wird der gesunde Umgang mit Gefühlen gelernt: »Was fühle ich wirklich?«

- Es wird gelernt, sich zu lieben: »Es ist eine Gabe, empfindsam zu sein.«
- Es ist gut, sich zu schützen: »Ich lasse nicht alles an mich ran.«

Was ist Hochsensitivität?

Hochsensitive Menschen haben nach meiner Definition noch weitere sinnliche Wahrnehmungen – über die fünf körperlichen Sinne hinaus. Bei hochsensitiven Menschen kommt nach meiner Erfahrung zur Hochsensibilität noch eine weitere Komponente hinzu, die aber auch für sich allein stehen kann: Sozusagen der sechste, der siebte und der achte Sinn: Hellsichtigkeit, Hellhörigkeit, Hellfühligkeit. Man könnte dies auch eine Hochbegabung im Bereich Sensibilität nennen. Hochsensitive Menschen fühlen sich oft hingezogen zur Spiritualität, Philosophie und Metaphysik.

Es ist leicht vorstellbar, wie schwierig der berufliche Alltag mit diesen Voraussetzungen ist und wie stark ausgeprägt die kommunikative Einsamkeit sein muss, denn es gibt außerordentlich wenige Menschen, die diese Erscheinungen vorurteilsfrei diskutieren können, wenn sie selbst keinerlei Erfahrungen damit gemacht haben. Viele wissen nichts von ihrer Disposition, fühlen sich aber durch diese außergewöhnlichen Wahrnehmungen oft überlastet und überwältigt. Wer allerdings diese Feinfühligkeit in sich erkennt und lernt, konstruktiv mit ihr zu leben, findet einen Schatz von großer Sinnhaftigkeit und Tiefe.

Wunderbare Wahrnehmung

Hochsensitive Menschen müssen viel mehr Eindrücke verarbeiten als andere Menschen. Aber sie können mit ihren Fähigkeiten sehr wertvolle Beiträge in der Gesellschaft leisten. Die Hochsensitivität geht oft stark mit bewusstseinsverändernden Prozessen einher. Es ist ein Phänomen, was sich manchmal im spirituellen Kontext zeigt.

Jedoch können auch Menschen, die sich noch nie mit spirituellen Themen beschäftigt haben, im ganz normalen Leben eine Verschiebung der Wahrnehmung erfahren. Manchmal werden diese ausgelöst durch den Verlust eines geliebten Menschen oder durch andere einschneidende Veränderung und manchmal erscheinen sie auch wie aus dem Nichts.

Ich verstehe Hochsensitivität als eine besondere Form von Hochbegabung. Aber auch wenn die Hochbegabung vorhanden ist, können hochsensitive Menschen ihre mentale Stärke oftmals nicht leben, da Schul- und Unternehmenssysteme zu viele belastende Faktoren aufweisen. Für normalsensitive Menschen kann Hochsensitivität verstörend wirken. Möglicherweise ernten hochsensitive Menschen sogar Ablehnung, denn »normale« Menschen können sich die Wahrnehmungswelt eines Hochsensitiven einfach nicht vorstellen. Für Hochsensitive ist es nicht immer leicht, in unserem Gesellschaftssystem zurechtzukommen.

Der komplexe innere Reichtum hochsensibler und hochsensitiver Menschen fordert spezielle Berücksichtigung.

Folglich brauchen sie bestimmte, individuell verschiedene Rahmenbedingungen, in denen sie zum Beispiel gut leben und arbeiten können.

Das Wichtigste für eine zufrieden stellende Lebenssituation ist zuerst die Akzeptanz der eigenen Hochsensibilität und/oder Hochsensitivität und die Anpassung der persönlichen Lebens-

und Arbeitsbedingungen an die Veranlagung: zum Beispiel die richtigen Arbeitsinhalte (sinnvolle Arbeit, komplexe Aufgaben, Berufung), eine ruhige Atmosphäre und eine offene und ehrliche Kommunikation. Dies einzurichten, ist meist ein behutsamer Prozess, der mit kompetenter Unterstützung gut zu meistern ist und in der Regel immer zu einer deutlich höheren Zufriedenheit und Effektivität im Beruf führt.

DER TEST: BIST DU HOCHSENSIBEL?

Es gibt eine Vielzahl an **Merkmalen und Symptomen**, die auf Hochsensibilität hinweisen, die jedoch sicherlich auch für normalsensible Menschen zutreffen können. Es geht daher bei diesem Selbsttest nicht um einzelne Aussagen, sondern vor allem um die Intensität und Menge der Kriterien, die auf dich zutreffen. Je mehr es sind, umso wahrscheinlicher ist es, dass du zu den außergewöhnlich sensiblen Menschen zählst. Ich habe mich bei den Fragen zu den Merkmalen auf diejenigen konzentriert, die beruflich besonders relevant sein könnten. Sorge bei dem Test für Ruhe und Ungestörtheit. Antworte spontan, denke nicht lange darüber nach. Welche der Aussagen trifft auf dich zu?

1. Als Kind war ich eher ängstlich und schüchtern.
2. Auf Koffein, Teein und Medikamente reagiere ich heftiger als andere Menschen.
3. Entscheidungen zu treffen fällt mir schwer.
4. Es ist mir sehr wichtig, Konflikte zu vermeiden, auch wenn es nachteilig für mich ist.
5. Es macht mir Freude, das große Ganze zu erkennen und zu fördern.
6. Hungergefühle stören meine Konzentration und beeinträchtigen meine Stimmung.
7. Ich bemerke und genieße feine Düfte, Geschmäcker, Klänge und Kunstwerke.
8. Ich bin kreativ und habe künstlerische Talente.
9. Ich denke sehr gerne gründlich nach und reflektiere die Ereignisse.

10. Ich erschrecke leicht, wenn ich aus meiner Konzentration gerissen werde.
11. Ich fühle mich häufig unverstanden und falsch eingeschätzt.
12. Ich fühle mich leicht überwältigt durch starke Sinneseindrücke.
13. Ich fühle mich unangenehm erregt, wenn sich um mich herum viel abspielt.
14. Ich fühle, wenn Umstände oder Menschen meine Empfindsamkeit behindern.
15. Ich habe an geschäftigen Tagen oft das Bedürfnis, mich zurückzuziehen.
16. Ich habe einen hohen Anspruch an die Qualität meiner Arbeit.
17. Ich kann schlecht lügen oder mich verstellen, mich sozial anpassen.
18. Ich möchte gern weniger wahrnehmen, denn viel zu fühlen ist nicht leicht.
19. Ich nehme Menschen, die subtil manipulieren wollen, wahr und meide sie.
20. Ich nehme vieles leicht persönlich und bin dann gekränkt.
21. Ich neige zu Perfektionismus und Gründlichkeit.
22. Ich sehe (höre, fühle), wenn Umgebungseinflüsse für andere hinderlich sind.
23. Ich verfüge über eine große Empathie, mein Mitgefühl ist ausgeprägt.
24. Ich verschweige gegenüber meinen Nächsten, was ich (über sie) sehe/fühle/höre.
25. In Pausen suche ich Gelegenheiten zur Stille und zum Rückzug.

26. Laute und plötzliche Geräusche bereiten mir körperliches Unbehagen.
27. Manchmal nehme ich etwas wahr, das eigentlich nicht erklärbar ist.
28. Manchmal werde ich für weltfremd und naiv gehalten.
29. Meine Augen reagieren sehr empfindlich auf grelles Licht oder Helligkeitsunterschiede.
30. Meine persönlichen Werte zu leben, ist mir sehr wichtig.
31. Meine Selbstkritik ist stark ausgeprägt, ich stelle mich oft selbst in Frage.
32. Multitasking irritiert mich eher, als dass ich es schätze.
33. Nein zu sagen fällt mir schwer, selbst wenn ich mir keinen Gefallen damit tue.
34. Neue und unbekannte Situationen bereiten mir Unbehagen.
35. Smalltalk liegt mir nicht, ich bevorzuge tiefgründige Gespräche.
36. Spirituelle Aspekte des Lebens sind mir wichtig.
37. Starke Stimmungsschwankungen sind mir nicht fremd.
38. Stress und außergewöhnliche Belastungen führen oft zu körperlichen Symptomen.
39. Wenn ein Mensch oder ein Tier leidet, kann ich das kaum ertragen.
40. Zuverlässigkeit und Pünktlichkeit sind mir sehr wichtige Tugenden.

Natürlich kann dieser Hochsensibilitäts-Test keinen Besuch bei einem spezialisierten Coach oder Berater ersetzen, sondern lediglich einen **Anhaltspunkt** darstellen. Wenn du jedoch mehr als zwei Drittel der Fragen für dich mit ja oder tendenziell ja beantworten konntest, deutet einiges darauf hin, dass du hochsensibel bist.

Wenn du detailliertere Tests durchführen möchtest und genauere Ergebnisse wünschst, schau dir die Onlinetests auf unserer Website an: www.open-mind-akademie.de

HERAUSFORDERUNGEN UND CHANCEN DER HOCHSENSIBILITÄT IM JOB

◇◇◇◇

Es ist unglaublich, wie empfindsame Seelen einander verstehen, ohne viel zu reden. Ein entschlüpftes Wort, eine nachdenkliche Miene, eine undeutliche, zusammenhanglose Bemerkung, ein halbes Bedauern, eine Andeutung, der Tonfall, der Gang, der Blick, die Aufmerksamkeit, das Schweigen – all dies entdeckt sie einander.

Denis Diderot

Viele hochsensible Menschen suchen jahre- oder gar jahrzehntelang nach einem zu ihnen passenden Platz im Berufsleben. Sie erfahren immer wieder, dass sie anders wahrnehmen und anders reagieren als ihre Kollegen, und können nur mit massiver Kraftanstrengung den Ansprüchen ihres Arbeitgebers und dessen Unternehmensumfeld gerecht werden. Auf Dauer laugt dieser Energieaufwand aus. Die Möglichkeiten, diesen hohen Kraftaufwand durch ausreichende Regeneration auszugleichen, sind oft gering, was dazu führt, dass die Schere zwischen diesen Extremen immer mehr auseinanderklafft. Ein innerer Rückzug oder gar Burnout sind so vorprogrammiert.

Dies ist so lange der Fall, bis die positiven Eigenschaften der hochsensiblen Menschen für die moderne Arbeitswelt entdeckt werden.

WAS ES BEDEUTET, IM BERUF HOCHSENSIBEL ZU SEIN

Die wertvollen Zukunftskompetenzen der Hochsensiblen werden im Berufsleben dringend benötigt. Wenn diese produktiv gelebt werden können, ist ein erfülltes Berufsleben für hochsensible Berufstätige keine Utopie, sondern gelebte Realität. Wie kannst du das für dich erreichen?

- Werde dir deiner persönlichen hochsensiblen Bedürfnisse und Fähigkeiten bewusst.
- Erkenne die damit verbundenen Herausforderungen ebenso wie ihre Chancen.
- Versuche dein Arbeitsleben passend oder passender für diese Aspekte einzurichten.
- Setze deine hochsensiblen Kernkompetenzen gezielt für deine Karriere ein.

Ein wesentliches Merkmal hochsensibler Menschen im Beruf ist sicher die ausgeprägte und besonders tiefe Wahrnehmungsfähigkeit. Diese kann auch dazu führen, dass sie auf Stress und Belastungen schneller und intensiver reagieren als ihre normalsensiblen Kollegen. Die Herausforderung besteht darin, einen förderlichen Umgang mit den alltäglichen Stress- und Belastungssituationen zu finden.

Folgende Werte und Eigenschaften bilden Stressfaktoren für hochsensible Menschen:

- der Zwang, sich frühzeitig für einen Berufsweg entscheiden zu müssen

- daraus resultierend die Sorge, nicht alle Talente und Fähigkeiten ausleben zu können
- die Notwendigkeit, sich daher quasi zu reduzieren und kleiner zu machen
- die eigenen Bedürfnisse zu kommunizieren und dafür einzustehen
- sich zu positionieren im Unternehmen und eine aktive Rolle einzunehmen
- eine gesunde Selbstfürsorge zu etablieren, auch im beruflichen Kontext
- eine wirksame Strategie gegen Reizüberflutung zu erarbeiten und zu etablieren
- einen hohen Anspruch an sich selbst auf ein förderliches Maß zu reduzieren
- die Sinnhaftigkeit in der Tätigkeit zu finden und mit eigenen Werten zu kombinieren
- die persönlichen Werte auch dann nicht zu verraten, wenn Gegenwind herrscht
- steigenden Arbeitsanforderungen und hohem Leistungsdruck gerecht zu werden
- Flexibilität und ständige Lernbereitschaft zu entwickeln

Selbstverständlich sind alle berufstätigen Menschen diesen Forderungen ausgesetzt. Die intensive Wahrnehmungsfähigkeit und das daraus resultierende hohe Stresslevel führen für Hochsensible jedoch viel leichter zu einer deutlichen Überlastung. Diese kann sich auf unterschiedliche Weise ausdrücken: nachlassende Motivation und Leistungsfähigkeit, innere Konflikte, gefühlte Sinnlosigkeit, psychosomatische Beschwerden und dadurch hohe Fehlzeiten, was wiederum zu Angst vor Entlassung führt.

Wenn diese Negativschleife erst einmal begonnen hat, besteht die Gefahr, dass Unternehmen wichtige Leistungsträger verlieren. Doch wie können Betroffene diesem scheinbaren Teufelskreis entkommen?

DIE ZWEI SEITEN IM BERUFSALLTAG FÜR HOCHSENSIBLE

Wer sehr sensibel ist, bekommt viel von der Umwelt mit. Das Risiko, Wichtiges zu übersehen oder zu verpassen, ist deutlich reduziert. Auch Einzelheiten, die später wichtig werden können, nehmen Hochsensible wahr und speichern sie im Gedächtnis. Manchen gelingt es sogar, mehrere Gespräche, die parallel in einem Raum geführt werden, zu verfolgen. Sie erzielen dann einen Wissensvorsprung gegenüber denen, die in ihrer Sinneswahrnehmung stärker begrenzt sind. Manchmal spricht sich dies rum und Mitarbeiter wenden sich an hochsensible Kollegen, wenn ihnen eine wichtige Information nicht mehr in Erinnerung ist.

Es gibt aber auch Herausforderungen, denen Hochsensible im Job begegnen müssen. Am Arbeitsplatz ist die Zeit für die Bearbeitung von Aufträgen oft knapp. Von Mitarbeitern wird verlangt, Wesentliches von Unwesentlichem zu trennen. Hochsensible Menschen neigen dazu, alles sehr genau zu bearbeiten, und benötigen daher oft mehr Zeit. Dadurch geraten sie leicht in die Situation, erklären zu müssen, warum etwas nicht fristgerecht fertiggestellt werden konnte. Andere Hochsensible machen daher auch Überstunden. Dies führt auf die Dauer zu Stressbelastung, Unausgeglichenheit und Konzentrationsschwächen.

Hochsensible Menschen sind schneller im Dysstress. Sie schätzen Situationen eher als bedrohlich ein und erleben diese sorgenvoller als andere Menschen. Auch physiologisch wirkt sich diese Stressanfälligkeit aus, etwa durch einen erhöhten Puls, einen beschleunigten Atem oder zusätzliche Schweißaktivität. Außerdem fühlen Hochsensible sich häufiger überfordert. Da sie Emotionen für einen längeren Zeitraum erleben, haben Konflikte eine höhere Wirkungsdauer. Hochsensible Menschen denken nach einer Auseinandersetzung mit Kollegen oder einem unerfreulichen Gespräch mit dem Chef länger über die Ursachen des Konflikts nach oder empfinden die negativen Emotionen stärker. Dann gelingt es nicht so leicht, nach vorne zu schauen und die nächste Aufgabe anzupacken. Manchmal fällt es auch schwer, die betreffenden Kollegen am nächsten Tag unvoreingenommen anzusprechen.

Die Auswirkungen von Hochsensibilität im Beruf hängen von vielen Faktoren ab. Hierzu gehört die räumliche Situation. In Großraumbüros sind Mitarbeiter besonders vielen Reizen ausgesetzt. Kollegen kann man hier nicht aus dem Weg gehen. Auch die hierarchische Struktur des Unternehmens ist von Bedeutung. Werden hochsensible Mitarbeiter regelmäßig durch ihren Chef beobachtet oder müssen sich Leistungsmessungen unterziehen, dann haben sie viele selbstbezogene Informationen zu verarbeiten. Auch die Dichte an Kontakten mit Kollegen und Kunden ist ein wichtiger Faktor. Ständiges Kommen und Gehen von Kunden und regelmäßiges Telefonklingeln verstärken die Reizintensität. Dann kommt es leicht zu Reizüberflutungen, die in einem Zustand der inneren Erschöpfung münden.

Wenn es in einem Job auf besondere Gründlichkeit ankommt, können Hochsensible ihre Potenziale gut ausschöpfen. Auch kontrollierende Aufgaben sind mit den Fähigkeiten von hochsensiblen Menschen besonders gut kompatibel, da diese über bessere Voraussetzungen verfügen, Unstimmigkeiten schnell und zuverlässig zu entdecken. Auch im direkten Kontakt mit Kunden oder Klienten sind Hochsensible in vieler Hinsicht den anderen Mitarbeitern überlegen, da sie sich besser in andere Menschen hineindenken können.

Im Vertrieb gelingt es ihnen besser, die Bedürfnisse ihres Gesprächspartners zu verstehen, ungestellte Fragen zu erkennen und auf Bedenken zielgerichtet einzugehen. In sozialen und medizinischen Berufen ist diese Empathie besonders wertvoll. Beispielsweise wünschen sich die meisten Patienten einen Arzt oder Therapeuten mit viel Einfühlungsvermögen. Auch in kreativen Jobs können sich Hochsensible profilieren. Wer Informationen schneller verarbeitet und besser verbindet, wird auch viele gute Ideen generieren.

Hochsensible Menschen können schnell in einen Teufelskreis geraten: Wenn sie von Kollegen oder von ihrem Chef auf ihre Sensibilität direkt oder indirekt angesprochen werden, nehmen sie sich dies besonders zu Herzen. Sie steigern sich in die Sorge hinein, dass die Emotionen, die sie selbst erleben, für andere sichtbar sind und zu einer Angriffsfläche werden. Die Verunsicherung oder Enttäuschung über das kritische Feedback kann dazu führen, dass sie sich am Arbeitsplatz so weit wie möglich abkapseln. Auf diese Weise vermeiden sie es, mit weiteren negativen Kommentaren konfrontiert zu werden, die sie erneut für längere Zeit belasten würden. Indem sie sich aber isolieren, bestätigen sie nur den Eindruck ihrer Mitmenschen. Dies kann dazu führen, dass der Chef sie für nicht ausreichend belastbar hält.

Daher ist es wichtig, mit diesem besonderen Persönlichkeitsmerkmal bewusst umzugehen und die eigene Arbeits- und Kommunikationsweise bestmöglich darauf abzustimmen. Quälende Gedankenketten über deine berufliche Situation solltest du gezielt durchbrechen, indem du dir die Vorteile deiner hohen Sensibilität verdeutlichst.

SO NUTZT DU DEINE PERSÖNLICHEN TALENTE ALS HOCHSENSIBLER

Ganz besonders deine Hochsensitivität, also dein ausgeprägter sechster Sinn, den wir auch Intuition, Bauchgefühl oder Eingebung nennen können, ist eine Quelle unerschöpflicher Weisheit. Diese große Wahrnehmungsfähigkeit birgt viele Möglichkeiten, die du im Beruf einsetzen und sogar veredeln kannst. Du wirst mit dieser Gabe zum Multitalent. Großer beruflicher Erfolg kann daraus erwachsen, wenn du die für dich passenden Wege findest, deine Talente und Begabungen einzusetzen. Egal, ob du als Angestellter, Führungskraft, Unternehmer, Freiberufler oder Selbstständiger tätig bist: Die Einsatzfelder deiner Hochbegabung der Sinne sind weit. Hier zähle ich dir einige Möglichkeiten auf.

Troubleshooter und Lösungsfinder

Die Fähigkeit eines Hochsensiblen, intuitiv Problemfelder zu erkennen und für diese auch praktikable Lösungen zu finden, lassen ihn zu einem wichtigen Experten werden. Menschen mit hoher Wahrnehmungsfähigkeit sind oft Querdenker und handeln gerne lösungsorientiert. Suche ein berufliches Umfeld oder eine Position, in der diese Fähigkeiten besonders gefragt sind.

Erfinder und kreativer Kopf

Viele Hochsensible lieben es, Dinge zu optimieren. Sie erkennen Schwachstellen in Produkten oder Arbeitsabläufen und können in Kombination mit technischem oder handwerklichem Geschick wegweisende neue Erfindungen machen. Hochsensible sind oft überdurchschnittlich kreativ, was bei Problemlösungen äußerst hilfreich ist.

Verhandlungsführer und Kommunikationsexperte

Die Fähigkeit, sich besonders gut in andere Menschen hineinfühlen zu können, ist die Grundlage für erfolgreiche Verhandlungen. Immer dann, wenn unterschiedliche Meinungen aufeinanderprallen und Konflikte zu eskalieren drohen, sind hochsensible Kommunikationsgenies am richtigen Platz.

Künstler und Kunstbegeisterter

Viele Hochsensible sind künstlerisch oder musikalisch besonders begabt. Die intensive Wahrnehmung der Welt über die körperlichen Sinne können mit Kunst (beispielweise Musik,

Schreiben, Schauspiel) sehr gut verarbeitet werden. Feinsinnige Menschen haben uns schon in früheren Jahrhunderten mit ihrer Kunst bereichert: Mozart, Rilke oder Chagall gehören sicher zu den hochsensiblen Menschen.

Berater, Therapeut und Coach

Eine sensible Kommunikationsfähigkeit in Kombination mit der Gabe, sich gut in die Lebenssituationen der Mitmenschen hineinzuversetzen, prädestinieren Hochsensible für die menschenbegleitende Arbeit. Oft spüren sie Problemfelder und Lösungen im Leben eines Menschen, bevor sie bewusst geworden sind. Daher sind sie in der Lage, andere feinfühlig und effektiv auf ihren persönlichen Befreiungswegen zu begleiten.

Selbstständiger und Freiberufler

Hochsensible Menschen mögen oft keine Hierarchien, wiederkehrende Arbeitsroutinen und zwischenmenschliche Kontroversen. Als (Klein-)Unternehmer können sie ihr Arbeitsumfeld selbst gestalten und ihre Fähigkeiten einsetzen. Sie sind besonders lernfähig, haben eine schnelle Auffassungsgabe und können sich gut konzentrieren. Ihre Vielseitigkeit ist enorm. Wichtig ist hier: Selbstzweifel und Selbstkritik solltest du gut in Schach halten können.

Fazit: Die Welt braucht dich

Deine Hochsensibilität kann zu einer wichtigen Stütze der Gesellschaft werden. Wir brauchen mehr feinfühlige und zartbesaitete Menschen als ruhenden Gegenpol in einer immer hektischer werdenden Arbeitswelt. Deine Talente sind wertvoll. Dein Einfühlungsvermögen kann so viele Menschen stärken. Ohne die Hochsensiblen wäre die Welt sehr viel rauer und deutlich ärmer.

Aber es ist nicht alles Gold, was glänzt.

Im Beruf ist es durchaus mit einigen Vorteilen verbunden, wenn du besonders befähigt bist, intensiv zu fühlen, mit- und nachzuempfinden. Dann wirst du schneller und gründlicher Stimmungen im Betrieb, Botschaften deiner Kollegen oder Vorgesetzten, Wünsche von Kunden und Strategien von Konkurrenten wahrnehmen und darauf reagieren können. Was für ein großes Potenzial!

Deine mitfühlenden Fähigkeiten können aber auch mit Schwierigkeiten verbunden sein. Vor allem Konflikte und Phasen mit hoher Aufgabendichte können für hochsensible Menschen eine Belastung darstellen. Besonders schwierig wird es, wenn du beginnst, dich mit deinen Kollegen zu vergleichen. So kann leicht der Eindruck entstehen, dass Kollegen besser mit dem Alltagsstress umgehen können. Bitte, vergleich dich nie! Es wird immer Menschen geben, die in dem einen oder anderen Bereich schneller, besser, gründlicher etc. sind. Immer. Das Schielen in deren Richtung wird dich nur runterziehen und dir nicht wirklich nützen. Viel hilfreicher ist es, dich auf deine Stärken zu konzentrieren und mit einer gesunden Portion Selbstkritik danach zu streben, diese weiter auszubauen.

Für viele hochsensible und hochsensitive Menschen ist es sehr schwierig, souverän und selbstbewusst mit abwertenden oder gar feindseligen Kommentaren von Vorgesetzten, Mitarbeitern oder Kollegen umzugehen. Ganz besonders, wenn diese sich auf die eigene Sensibilität beziehen. So verurteilen viele Hochsensible sich selbst und machen sich Sorgen, dass mit ihrer Kommunikationsweise oder ihrer Arbeitsleistung etwas nicht stimmt. Vielleicht entstehen sogar Gedanken, dass sie im Beruf scheitern oder auf der Stelle treten könnten, während andere sich weiterentwickeln. Wenn du aber beginnst, dich genauer mit dem Phänomen der Hochsensibilität im Beruf zu befassen, wirst du eine große Erleichterung erleben: Denn dann eröffnen sich Möglichkeiten, du erkennst die Chancen und beginnst, deine Empfindsamkeit als eine Begabung zu verstehen.

HOCHSENSIBEL UND FÜHRUNGSKRAFT?

Märkte, Produkte, Abläufe und Teams werden im Job immer komplexer und dynamischer. Hochsensible Führungskräfte können ihre Stärken zum Wohle des Teams nutzen, indem sie innovative, kreative Ideen entwickeln, unterschiedliche Charaktere synchronisieren und wohlüberlegte Entscheidungen treffen.

Was zeichnet hochsensible Führungskräfte aus? Hochsensible Führungskräfte weisen eine Vielzahl an Charaktereigenschaften auf, die im Berufsleben als positiv bewertet werden. Neben einer ausgeprägten Beobachtungsgabe und einem starken Sinn für Details punkten sie mit der Fähigkeit zu analytischem Denken sowie einem hohen Gerechtigkeitssinn. Kreativität und ein gutes Auge für Harmonie und Ästhetik – zum Beispiel bei Farben und Formen – sind ebenfalls Fähigkeiten, die hochsensiblen Führungskräften zugeschrieben werden.

Diese Eigenschaften qualifizieren sie sowohl für Tätigkeiten im gestalterisch-kreativen Bereich als auch für die Optimierung von Prozessen oder die Qualitätskontrolle. Sie lieben es, bestehende Abläufe zu hinterfragen, Fehlerquellen aufzuspüren und neue, verbesserte Strukturen zu implementieren. In lehrenden oder beratenden Tätigkeiten sind hochsensible Führungskräfte besonders häufig anzutreffen, da sie dieses Arbeitsumfeld in der Regel mit ihrem ausgeprägten Werte- und Moralverständnis in Einklang bringen können. Dieses Werte- und Moralverständnis ist gleichzeitig eine Schwachstelle hochsensibler Führungskräfte. Vielfach reagieren sie überempfindlich, wenn seitens der Mitarbeiter dagegen verstoßen wird. Bei der Führung von Mitarbeitern versuchen sie, ihren Mitarbeitern ein Vorbild zu sein und diese zu motivieren. Charakteristisch für hochsensible Führungskräfte ist, dass sie ihr eigenes Verhalten kontinuierlich auf den Prüfstand stellen und reflektieren.

So profitieren Teams und Unternehmen

Arbeitnehmer wünschen sich eine Führungskraft, die ein Gespür für die Bedürfnisse der einzelnen Teammitglieder, ihre Stimmungen und Befindlichkeiten mitbringt. Dies ist jedoch eher die Ausnahme als die Regel, da dieser Aspekt bei der Personalentwicklung nur selten im Fokus steht. Hier liegt jede Menge Potenzial brach. Hochsensible Führungskräfte sind in der Lage, als »Brückenbauer« zwischen den einzelnen Teammitgliedern zu fungieren und unterschiedliche Charaktere zu guten Leistungen anzuspornen.

Im Sinne eines Diversity Management ist es für Arbeitgeber interessant, hochsensible Menschen zu fördern. Die Fähigkeit von Mitarbeitern, Informationen vertieft zu verarbeiten und vernetzt zu denken, ist für Unternehmen sehr wertvoll. Hier schneiden hochsensible Personen besonders gut ab. Da diese zudem die Emotionen anderer Menschen früher und besser erkennen, können sie andere Akteure gut beobachten und Situationen treffend einschätzen. In vielen Kontexten ist diese Fähigkeit gewinnbringend für Arbeitgeber, da Lösungen schneller gefunden werden und gründlicher durchdacht sind.

Viele Querschnittsaufgaben, die in Betrieben anfallen, verlangen ein hohes Maß an Sensibilität. Das Beschwerdemanagement zum Beispiel sollte sinnvollerweise Mitarbeitern übertragen werden, die in der Lage sind, mit allen Beteiligten feinfühlig umzugehen. Fraglich ist, ob Arbeitgeber deren Kompetenzen und die höhere Empfindlichkeit als zwei Seiten einer Medaille erkennen. Viele haben sich mit dem Phänomen noch nicht näher beschäftigt und bewerten die entsprechenden Verhaltensweisen wenig verständnisvoll, manchmal sogar eher unsachlich. Wenn ein Chef sich an der Empfindlichkeit des Mitarbeiters stört, kommt es darauf an, dass dieser selbst möglichst souverän reagiert. Dann kann es gelingen, die Vorurteile des Chefs durch überzeugende Leistungen zu widerlegen.

Unternehmer oder Geschäftsführer profitieren von der Fähigkeit hochsensibler Führungskräfte, komplexe Zusammenhänge in all ihren Facetten zu erfassen, zu bewerten und den Erfolg – wie auch den Misserfolg – bestimmter Entscheidungen treffsicher abschätzen zu können. Außerdem sind hochsensible Führungskräfte in der Lage, besonders lösungsorientiert zu arbeiten.

Führungsqualität Warmherzigkeit

Ich habe zwei Hypothesen für dich: 1. In der globalisierten, ständigen Veränderungsprozessen unterliegenden Arbeitswelt setzen sich diejenigen durch, die am schnellsten und lautesten sind, die »Leisetreter« werden nicht selten abgehängt. 2. Der Begriff »Sensibilität« hat im Berufsleben einen negativen Beigeschmack und wird mit »Schwäche« gleichgesetzt. Klingt plausibel für das Haifischbecken Wirtschaft? Falsch! Innovative Unternehmen und Personaler haben längst erkannt, dass Annahmen wie diese weitestgehend überholt sind. Sie haben die Qualitäten und Potenziale von hochsensiblen Mitarbeitern erkannt. Vor allem hochsensible Mitarbeiter in Führungspositionen können mit ihrer Fähigkeit, komplexe Zusammenhänge zu erfassen, ihrer hohen sozialen Kompetenz und ihrer Zielorientierung das Unternehmen voranbringen. Arbeitgeber profitieren von ihrer zuverlässigen Arbeitsweise, die jegliche Nachlässigkeit vermeidet, sowie meist von einer hohen Erfolgsorientierung und Identifikation mit dem Unternehmen. Voraussetzung dafür ist allerdings, dass Unternehmer und Personalverantwortliche ein Arbeitsumfeld schaffen, in dem die hochsensiblen Führungskräfte diese Stärken nach besten Möglichkeiten entfalten können.

Herausforderungen in der Zusammenarbeit

Sowohl für die Mitglieder eines Teams als auch für die Vorgesetzten kann die Zusammenarbeit mit hochsensiblen Führungskräften durchaus herausfordernd sein. So stehen sich hochsensible Führungskräfte mit ihrem Hang zum Perfektionismus und zur Detailverliebtheit manchmal selbst im Weg.

In meiner Arbeit mit hochsensiblen Führungskräften hat sich folgende Übung sehr bewährt: Nimm dir ein Blatt Papier und einen Stift und notiere, wie du dir eine *ideale*, eine *gute* und eine *akzeptable* Leistung oder Situation vorstellst. Anschließend gleichst du diese mit den zur Verfügung stehenden Ressourcen ab. So kannst du deinen Perfektionismus leichter einordnen und relativieren.

Unternehmer, die eine hochsensible Führungskraft einstellen, sollten berücksichtigen, dass diese Mitarbeiter in Wettbewerbssituationen oft nicht ihre Stärken zeigen können, denn aggressives Konkurrenzverhalten und übertriebene Selbstdarstellung sind ihnen fremd. Daher werden hochsensible Führungskräfte in Vorstellungsgesprächen oder in Projektteams leicht übersehen. Wer jedoch die Erfolge von hochsensiblen Führungskräften richtig bewertet und deren Stärken gezielt fördert, erreicht eine positive Teamatmosphäre.

Entscheider in Unternehmen sollten außerdem auf einen respektvollen, fairen Umgang mit hochsensiblen Führungskräften und den Mitarbeitern im Allgemeinen achten. Wer ein wertschätzendes Umfeld ohne Seilschaften oder Intrigen schafft, trägt dazu bei, dass hochsensible Führungskräfte ihr ganzes Potenzial entfalten können.

Jeder Mitarbeiter und jede Führungsperson wird die Situation kennen: Ein Mitarbeitergespräch ist angesetzt. Einigen hochsensiblen Mitarbeitern graut es jedes Mal vor einem solchen Termin. Werde ich gut beurteilt? Habe ich meine Arbeit fehlerfrei erledigt? Wird der Chef mich vielleicht einmal loben? Oder darf ich mir nur wieder anhören, wie schlecht alles ist, was ich tue?

Dem hochsensiblen Chef ist eventuell vor solchen Terminen genauso unwohl, weil er nicht weiß, wie er gewisse Dinge ansprechen soll, ohne dass sie beim Mitarbeiter negativ ankommen. Damit entsteht auf beiden Seiten Stress vor einem solchen Termin und das Klima ist gleich zu Beginn des Gespräches leicht angespannt. Dabei kann und sollte ein solches Gespräch immer ein konstruktiver Anlass sein, noch effektiver miteinander zu arbeiten. Um nun einer beklemmenden Situation wie dieser zuvorzukommen, kann jeder hochsensible Chef etwas tun: Er kann seine angeborene Warmherzigkeit und Empathie in seinen Führungsstil einbauen.

Warmherzigkeit ist eine der am meisten unterschätzte Führungsqualitäten. Eine gute Führungsperson sollte diese in jedem Fall neben Eigenschaften wie Entscheidungsstärke, Kompetenz und Durchsetzungsvermögen mitbringen, um auf einer guten zwischenmenschlichen Ebene einen Draht zu seinen Mitarbeitern aufbauen zu können. Warmherzigkeit kann aber auch als Synonym für Empathie und soziale Kompetenz angesehen werden. Somit kann ein hochsensibler Vorgesetzter auf jeden Fall einen Vorsprung vor seinen Kollegen auf gleicher Führungsebene bekommen.

Hierbei ist es jedoch entscheidend, in seinem Tun und Handeln als Chef echt zu bleiben. Gerade hochsensible Menschen können sofort unterscheiden, ob eine Führungsperson mit echter Warmherzigkeit oder mit einer aufgesetzten und gespielten Art und Weise auftritt. Diese Eigenschaft muss also wirklich von Herzen kommen. Sich der eigenen angeborenen Warmherzigkeit anzuvertrauen, kann unter Umständen für hochsensible Führungspersonen nicht ganz einfach sein, da sie viele wichtige Entscheidungen zu treffen haben und möglicherweise noch eher mit dem Verstand als mit dem Herzen führen möchten.

Warmherzigkeit wirkt sich positiv auf das Arbeitsumfeld und damit auf den Erfolg des Teams aus. Die Warmherzigkeit des hochsensiblen Chefs wird den Mitarbeitern das Gefühl geben, angenommen und verstanden zu werden. Mit diesem Gefühl schafft der Vorgesetzte eine sehr viel harmonischere Arbeitsatmosphäre und die Grundlage für ein vertrauensvolles Arbeitsumfeld.

Dieses Arbeitsumfeld ermöglicht es dem gesamten Team, effektiver zu arbeiten, denn Probleme und Unstimmigkeiten werden viel schneller beseitigt, weil die Mitarbeiter keine Scheu davor haben, Missstände anzusprechen. Es kommt zudem mehr Freude in der Belegschaft auf. Es ist erwiesen, dass Menschen, die mit Freude und Motivation an die Arbeit gehen, schneller und qualitativ hochwertigere Arbeit abliefern. Demnach ist ein Führungsstil, der von Warmherzigkeit geprägt ist, ein Erfolg für das gesamte Unternehmen.

Tipps zur Überbrückung der Herausforderungen

Im Folgenden möchte ich dir ein paar Tipps mit auf den Weg geben, um die Herausforderungen zu überwinden. Das geht sicher nicht von heute auf morgen, doch mit ein bisschen Übung und

Organisationsgeschick wirst du es schaffen, die Herausforderungen in Potenziale umzuwandeln.

Finde Wege der Entschleunigung

Wenn du den Eindruck hast, dass du zu viele Reize in zu kurzer Zeit verarbeitest, solltest du Wege finden, deinen Arbeitsalltag zu entschleunigen. Aufträge kannst du priorisieren, statt sie gleichzeitig auszuführen. Bei Entscheidungen solltest du prüfen, ob diese sofort getroffen werden müssen. Damit gelingt es dir, die auf dich einwirkenden Informationen leichter zu beherrschen und den Überblick zu behalten. Es gibt auch Möglichkeiten, sich Zeit zum Nachdenken zu verschaffen. Wenn ein Kollege mit einer Bitte an dich herantritt, kannst du erklären, dich erst mit deinem Chef oder weiteren Kollegen darüber austauschen zu wollen. So gewinnst du Zeit und kannst dir in Ruhe überlegen, ob du die Aufgabe wirklich in dem erforderlichen Zeitraum ausführen kannst oder dem Kollegen einen alternativen Vorschlag unterbreitest. Deine Kapazitäten solltest du realistisch einschätzen. Wenn du eine Überlastung befürchtest, ist es sinnvoll, diese deinem Arbeitgeber gegenüber frühzeitig anzuzeigen. Damit stellst du unter Beweis, dass du Engpässe im Voraus erkennst. Wenn du zu einem späteren Zeitpunkt erklären musst, eine Aufgabe nicht termingerecht abgeschlossen zu haben, wird es schwieriger, dies dem Chef schlüssig zu vermitteln.

Um den vielen Anforderungen im Beruf gerecht zu werden, brauchen hochsensible Menschen einen Rückzugsraum. Wer nach der Arbeit Gelegenheit hat zu entspannen, wird es leichter finden, am nächsten Morgen wieder mit der Vielzahl an Informationen umzugehen. Hochsensible Menschen sollten ab und zu eine Gegenwelt zum hektischen Berufsleben schaffen. Dies bedeutet, eine Insel im Alltagsfluss zu bauen. Dort müssen keine Reize verarbeitet werden.

Schaffe Rückzugsmöglichkeiten und reduziere Reizintensität

Du musst nicht immer agieren oder reagieren, sondern darfst dir Zeit nehmen für dich selbst. Ein Spaziergang am Wasser oder durch den Wald kann sehr hilfreich sein, um abzuschalten und sich zu sortieren. Wenn du feststellst, dass dir ein solches Ritual guttut, dann solltest du dir regelmäßig die Zeit dafür nehmen. Es ist sinnvoll, dieses Ritual schon bei der Terminplanung zu berücksichtigen. Wenn du die erholsame Aktivität in deinem Terminplaner im Voraus einträgst, dann behältst du sie leichter im Blick. Es lohnt sich, wenn du diesen Vorsatz, regelmäßig etwas für dich selbst zu tun, konsequent einhältst. Falls es keine wirklich gute Rückzugsmöglichkeit für dich gibt, dann plane anstelle dessen eine Pause ein, in der du spontan überlegen kannst, wonach du dich gerade sehnst. Vielleicht ist es ein Bad oder das Hören entspannender Musik. Oft ist es möglich, sich einen solchen Wunsch ganz unkompliziert zu erfüllen. Wenn du feststellst, dass du gegenüber bestimmten Reizen am Arbeitsplatz besonders empfindlich bist, solltest du Situationen meiden, in denen du diesen allzu sehr ausgesetzt bist. Es gibt viele Möglichkeiten, die Sinneseindrücke zu reduzieren.

Bei Lärmempfindlichkeit kann es helfen, gute Ohrstöpsel zu verwenden. Wenn dir ein lautes Stimmengewirr lästig ist, solltest du die Mittagspause möglichst so terminieren, dass du in der Kantine ein langes Warten in der Schlange vermeidest. Auch bei einer hohen Sensibilität bezüglich warmer oder kalter Temperaturen solltest du darauf achten, dich am Arbeitsplatz auf deine Bedürfnisse einzustellen.

Wie du auf abwertende Kommentare gelassen reagierst

Wenn Kollegen dich abwertend auf deine Sensibilität ansprechen, solltest du zunächst versuchen, cool zu bleiben. Dies ist leicht gesagt und schwerer getan, aber man kann dies durchaus lernen. Auf eine Frage kannst du zunächst mit einer Gegenfrage antworten. Dann lässt du dich nicht in die Defensive drängen und gewinnst Zeit, über eine Antwort nachzudenken. Wenn du einen ruhigen Ton beibehältst und dein Gegenüber damit überraschst, hast du den Angriff schon halb abgewehrt. Es gelingt deinem Gegenüber dann einfach nicht, dich vorzuführen. Manchmal erweist sich auch Ironie als wirksames Mittel, eine Attacke ins Leere laufen zu lassen. Oft verlieren Menschen das Interesse, die Sensibilität anderer zu thematisieren, wenn das Verhalten der Zielperson keine Bestätigung mehr dafür gibt.

Wenn die Lage in deinem Betrieb so schwierig erscheint, dass du trotz all dieser Maßnahmen keine Verbesserung erzielen kannst und dich am Arbeitsort unwohl fühlst, dann solltest du Möglichkeiten prüfen, dich beruflich zu verändern. Dabei kann Selbstständigkeit eine Option sein, da diese den Voraussetzungen hochsensibler Menschen in mehrfacher Hinsicht entgegenkommt. Selbstständige haben mehr Freiheiten bezüglich der Gestaltung von Arbeitszeiten und Arbeitsort. Außerdem wird die Gründlichkeit bei der Leistungserstellung im Arbeitsergebnis besser sichtbar. Verzerrungen bei der Zuordnung von Leistungen, die in großen Betrieben mit zahlreichen Abhängigkeiten zwischen den Abteilungen zwangsläufig entstehen, entfallen in der Selbstständigkeit und der Freiberuflichkeit. Spielräume zur Gestaltung der eigenen Rolle sind vorhanden, wohingegen in Unternehmen hierarchische Strukturen und starre Rollenbilder die Hochsensiblen belasten. Du kannst also deine Empfindsamkeit als individuelle Stärke einsetzen und mit dieser Begabung in deinem Beruf erfolgreich sein.

KOOPERATION STATT KONKURRENZ

Konkurrenz führt immer dazu, dass eine Partie verliert, während die andere gewinnt. Aus diesem Grund lehnen hochsensible und damit nach Harmonie strebende Menschen das typische Konkurrenzverhalten im Job ab. Dabei können auch viele gleichzeitig gewinnen. Allerdings nur dann, wenn wir alle – auch du – dazu bereit sind, unser Wissen interdisziplinär zu teilen und zu verknüpfen.

Aufgrund der digitalen Entwicklung befinden wir uns mehr denn je in einem fortwährenden Lernprozess. Das betrifft dabei nicht nur den technischen Sektor, sondern auch den zwischenmenschlichen Bereich und die persönliche Entwicklung und hier können hochsensible Menschen punkten. Immer schneller werden wir mit Neuigkeiten konfrontiert, das gilt für den normalen Arbeitnehmer genauso wie für Führungskräfte. Eine ständige Anpassung ist erforderlich. Dieser weltweite beschleunigte Entwicklungsprozess ist gleichermaßen Herausforderung wie auch Chance für viele Unternehmen und auch für dich. Dabei musst du bedenken, dass diese neuen Chancen und Herausforderungen nur gemeinsam bewältigt und schlussendlich auch genutzt werden können. In absehbarer Zukunft lautet die Maxime nicht mehr Konkurrenz, sondern Kooperation, und diese Entwicklung entspricht der natürlichen Veranlagung der Hochsensiblen.

Zusammen Know-how fördern

Die immer weiter fortschreitende Vernetzung von Daten, Menschen sowie Organisation und die vielfältigen neuen Kommunikationswege mit der damit verbundenen dauerhaften Interaktion und Kommunikation verlangen eine vollkommen neue Haltung. Undenkbar war es beispielsweise früher in der Wissenschaft, Kollegen um Rat zu bitten. Vielmehr galt es, die eigenen Kompetenz in den Vordergrund zu stellen und zu bewahren, was mit einem übertriebenen Konkurrenzdenken einherging. Renommierte Forscher dürfen sich doch keine Blöße geben und nach Hilfe suchen. Einen ganz anderen Standpunkt vertritt hierbei der an der Universität Harvard ausgebildete Virologe Dr. Ijad Madisch. Er ist der Meinung, dass insbesondere die Wissenschaft eine weltweite Gemeinschaft benötigt, in welcher die eigenen Egos dem Fortschritt untergeordnet sind. Aus diesem Grund gründete er bereits 2008 das soziale Netzwerk ResearchGate, welches Wissenschaftler aus aller Welt zusammenbringen soll und seit seiner Gründung erfolgreich expandiert.

Weg vom »Du« und hin zum »Wir«

Wir alle können und sollten so viel wie möglich kooperieren. Es braucht lediglich den entscheidenden Impuls für eine Kooperation: gute Argumente und den Willen, entsprechend zu handeln. Wenn du Erfolg haben möchtest, dann reduziere die Konkurrenz auf ein Minimum und setze auf ein Maximum auf Kooperation. Das kommt deinem sensiblen Naturell besonders entgegen. Versuche, aus einem vermeintlichen Konkurrenten einen wertvollen Kooperationspartner zu machen, damit du erfolgreich bist oder besser: damit ihr gemeinsam erfolgreich seid.

In fortschrittlichen Unternehmen kommt eine relativ neue Methode zum Einsatz, die den Werten, Arbeitsweisen und Persönlichkeitsmerkmalen von Hochsensiblen perfekt entspricht: die Co-Creation.

ZAUBERWORT CO-CREATION

Co-Creation beschreibt einen der wichtigsten Paradigmenwechsel, der gegenwärtig grundlegende Veränderungen in der Produktion herbeiführt. Was zeichnet die damit verbundenen Wandlungsprozesse aus? Sie reagieren einerseits auf den Wandel am Markt, der sich durch die Digitalisierung, das Internet der Dinge, E-Commerce und Onlinemarktplätze ergibt. Auf der anderen Seite verändert das Leitbild aber vor allem die Art der Zusammenarbeit im Unternehmen. Es bringt die Perspektiven möglichst vieler Menschen in einen Prozess ein. Damit setzt Co-Creation bewusst auf die kreative Kooperation für ein gemeinsames Projekt und kommt damit der Arbeitsweise hochsensibler Mitarbeiter sehr entgegen. Dass sich damit eine ganz neue Innovation verwirklichen lässt, zeigen immer mehr Unternehmen.

Co-Creation ist wohl eine der wichtigsten Methoden, um Unternehmen fit für das digitale Zeitalter zu machen. Zudem ermöglicht Co-Creation die verbesserte Nutzung smarter Technik. Weiterhin entsteht durch sie eine kollektive Zusammenarbeit im Unternehmen sowie auch zwischen Unternehmen und Kunden. In vielen Start-ups zählt Co-Creation bereits zu den gängigen Arbeitsmethoden. Sie nutzen die kollektive Intelligenz aller Menschen, die am Projekt beteiligt sind, und erzielen ein ganz neues Maß an Innovation. In meiner Familie waren und sind die Themen von Start-up-Unternehmen immer wieder präsent, da mein hochsensibler Sohn in diesem Bereich tätig ist. Das brachte mich dazu, mich mit dem Modell näher zu beschäftigen.

Wie sich Führung mit Co-Creation verändert

Führung ist eines der meist diskutierten Themen im Bereich Unternehmensentwicklung. Über kaum ein anderes Feld sind in den letzten Jahren mehr Bücher erschienen. Doch nicht immer wurden dabei wirklich neue Ansätze vorgestellt. Fast jede Personalabteilung hat eine eigene Vorstellung, was den Erfolg auf diesem Gebiet ausmacht. Und auch die Bestseller zu diesem Gebiet vertreten ganz unterschiedliche Meinungen. Wer die Neuerscheinungen sichtet, stößt jedoch nicht selten auf überkommene Vorstellungen. Oft genug sehnt man sich noch immer nach einer Führungskraft, welche die Zügel des Geschehens fest in ihren Händen hält, Charisma und Standfestigkeit gleichermaßen mit bringt und einen unfehlbaren Blick für den Unternehmenserfolg hat. Von Vorstellungen wie diesen müssen wir uns jedoch verabschieden. Zum einen bringt kaum eine Führungskraft alle diese Eigenschaften in einer Person mit. Zum anderen wirkt sich eine Ausrichtung, die auf einer einzelnen Perspektive basiert, auf lange Sicht nachteilig aus. Der Co-Creation-Ansatz setzt demgegenüber auf eine andere Art der Führung, die ganz wunderbar zu den Kernkompetenzen hochsensibler Menschen passt. Sowohl hochsensible Führungskräfte als auch feinfühlige Mitarbeiter profitieren enorm vom Denkansatz der Co-Creation.

Dieser ermutigt Führungskräfte dazu, die Zügel an einen gemeinsamen Gestaltungsprozess abzugeben. Wie die Erfahrung zeigt, ergibt sich dadurch nicht nur eine sinnvollere Arbeitsteilung. Durch Co-Creation fließt ein Vielfaches an Perspektiven in den Produktionsprozess mit ein. Die kollektive Arbeit am gemeinsamen Projekt erweist sich dadurch als Innovationsschub.

Führungskräfte sollten diesen Innovationsschub ermöglichen. Sie sind damit aber nicht überflüssig, sondern erhalten neue Aufgaben.

- Im Prozess der Co-Creation sind Führungskräfte erstens Organisationstalente.
- Sie agieren zweitens als Vermittler zwischen verschiedenen Positionen.
- Drittens behalten Sie als Zeitwächter im Blick, dass Aufgaben auch erledigt werden.

Während die Projekte entwickelt werden, agieren alle Mitarbeiter auf gleicher Augenhöhe. Das zeichnet Co-Creation aus. Manche Unternehmen gehen sogar so weit, dass die Führungskräfte im Laufe eines bestimmten Projektes zeitlich begrenzt unter allen Mitarbeitern gewählt werden. Gerade in Start-ups hat sich so etwas bewährt.

Im Zuge von Co-Creation verändert sich die gemeinsame Arbeit unter allen Kollegen. Im Idealfall sollte sich eine völlig neue Unternehmenskultur entwickeln. Alle Beteiligten müssen spüren, dass ihre Anliegen ernst genommen werden. Jeder Kollege darf und soll sich als Teil des gemeinsamen Projekts wahrnehmen. Eine paradiesische Vorstellung für hochsensible Menschen.

Ein Projekt, das durch Co-Creation entwickelt wird, kann als Kind aller Beteiligten begriffen werden. Einerseits verschwinden dadurch Hierarchien in Unternehmen. Auf der anderen Seite gibt es jedoch bestimmte Dinge, die Gelingensbedingungen für erfolgreiche Co-Creation darstellen. Führungskräfte haben die Aufgabe, genau diese Gelingensbedingungen zu unterstützen. Dazu zählt erstens die Unterstützung einer gelungenen gemeinsamen Kommunikation. Durch entsprechende Wertschätzung und eine moderierende Tätigkeit sollten alle Beschäftigten Vertrauen zum gemeinsamen Projekt fassen. Es muss deutlich werden, dass es nicht nur um einen Job geht, sondern dass die Arbeit einen höheren Sinn hat. In manchen Fällen kann dieser darin bestehen, anderen Menschen zu helfen oder ihnen einen bequemeren Alltag zu ermöglichen. Auch die Befragung von Kunden zählt deshalb zweitens zu den wichtigen Instrumenten beim Ansatz von Co-Creation. Das Konsumverhalten oder spezielle Wünsche können wichtige Hinweise für die Produktion im Unternehmen bieten. Eine dritte wichtige Aufgabe besteht darin, Entscheidungen ganz bewusst in die Gruppe zu geben. Führungskräfte entscheiden also nicht mehr von oben herab, sondern sorgen dafür, dass alle Meinungen angehört werden. So wird ein gemeinsamer Konsens getroffen. Dieser wird anschließend als Entscheidung akzeptiert und von allen befolgt. Ein vierter wichtiger Faktor ist die Zeit. Co-Creation reagiert auch auf die Schnelllebigkeit des digitalen Zeitalters.

Wie sich in der Praxis gezeigt hat, können Gruppen, die sich regelmäßig verständigen, wesentlich schneller auf aktuelle Herausforderungen reagieren. Im Gegensatz zu einer Führungskraft, die von oben herab entscheidet, müssen hier kaum Widerstände gebrochen werden. Wenn die Gruppe sich zu einer bestimmten Sache ein Meinungsbild verschafft hat, sind alle über die aktuelle Herausforderung im Bilde.

Darauf basiert die gemeinsame Zusammenarbeit bei Co-Creation

Bei Co-Creation gibt es einen besonderen Vorteil: Der Einzelne hat das gemeinsame Ziel besser im Blick. Das führt dazu, dass mehr Menschen permanent mitdenken. Es entsteht ein kollektiver und kreativer Arbeitsprozess, dessen Gelingen von vielen Köpfen begleitet wird. Falls Änderungen vorgenommen werden müssen, agieren Organisationen mit einer solchen Unternehmenskultur sehr viel flexibler auf neue Herausforderungen. Diese Flexibilität hängt mit den vier wichtigen Eigenschaften zusammen, die sich durch erfolgreiche Co-Creation ergeben: Multiperspektivität, Schnelligkeit, positive Unternehmenskultur und zielführende Orientierung am gemeinsamen Ergebnis. Auf dem Weg zu diesem Ziel müssen sich Arbeitsgruppen oft erst einmal mit der neuen Arbeitskultur vertraut machen. Wenn man sich jedoch erst einmal aufeinander eingespielt hat, werden alle Beteiligten merken, wie effizient diese Arbeitsweise funktioniert.

Hochsensible Menschen, die in einem Unternehmen tätig sind, das mit Co-Creation arbeitet, haben eine deutlich höhere Arbeitszufriedenheit als Berufstätige in klassischen Unternehmenskulturen, wie ich aus persönlicher Erfahrung und durch meine Klienten weiß. Die Realität bei den meisten Berufstätigen sieht jedoch leider anders aus, wie das folgende Kapitel aufzeigt.

BIST DU SÖLDNER, SKLAVE, SUPERSTAR ODER SURFLEHRER?

Rund zwei Drittel der deutschen Arbeitnehmer sind nicht zufrieden mit ihrem Job, wie eine Studie herausfand. Dabei bezieht sich ihre Kritik entweder auf die Entlohnung oder die Arbeitsatmosphäre. Besonders Unzufriedene nennen sogar beide Punkte als Gründe für ihre als stark verbesserungswürdig empfundene Jobsituation.

Die Personalexperten Prof. Dr. Martin-Niels Däfler und Ralph Dannhäuser führten eine repräsentative Analyse der Arbeitszufriedenheit deutscher Angestellter durch. Zu diesem Zweck befragten sie rund 1500 Arbeitnehmer über das Internet. Die Teilnehmer sollten dabei online angeben, wie zufrieden sie mit ihrem Job sind. Dabei konnten sie einen Wert auf einer Skala von minus 5 (ausgesprochen unzufrieden) bis plus 5 (ausgesprochen zufrieden) angeben. Die Befragten bewerteten sowohl ihre materielle als auch ihre immaterielle Zufriedenheit mit ihrer Arbeit. Die immaterielle Komponente bezieht sich auf Arbeitsinhalte, Vorgesetzte und Kollegen sowie berufliche Entwicklungschancen, während die materielle Zufriedenheit vor allem das Gehalt betrifft.

Ob der Beruf Zufriedenheit vermittelt oder eher nicht, ist von verschiedenen Kriterien abhängig. Die Experten haben vier Kategorien definiert, in denen sich die meisten Berufstätigen wiederfinden. Dabei fällt auf, dass einige Kategorien glücklicher machen als andere. Dennoch spielen auch weitere Faktoren wie der Charakter des Einzelnen und die Erwartungen an das eigene Leben eine große Rolle.

Der Beruf ist ein sehr wichtiges Kriterium für das Glück der Menschen, die im Arbeitsleben stehen. In der Regel arbeitet ein

Berufstätiger Vollzeit und verbringt so einen großen Teil des Tages mit den Kollegen an seinem Arbeitsplatz. Hinzu kommt die Fahrzeit. Die Mobilität ist im Berufsleben größer geworden, und ein langer Fahrweg schränkt die Freizeit ein. Umso wichtiger ist es, dass du dich in deinem Job wohl fühlst, ganz unabhängig von der Ausprägung deiner Hochsensibilität. Das gilt sicher für alle Menschen. Umfragen zufolge geben die Deutschen in einer überwiegenden Mehrheit an, dass sie in ihrem Job zufrieden sind. Damit führen wir die Liste in Europa an. Befragt man jedoch einzelne Menschen aus den verschiedensten Branchen und in unterschiedlichen Lebensstufen, wird deutlich, dass eine einzige Befragung für dieses komplexe Thema nicht ausreicht.

Jobwechsel führt zu größerer Zufriedenheit

Im Detail geben viele Befragte an, dass es Dinge gibt, die sie nicht zufrieden stellen und die sie gern ändern würden. Tatsächlich gehen immer mehr Berufstätige den Schritt und beginnen etwas Neues, denn Studien zufolge verbringen immer weniger Menschen ihr gesamtes Arbeitsleben an nur einem Arbeitsplatz. Oftmals stellt sich nach einem Jobwechsel eine größere Zufriedenheit ein. Dabei ist die Tatsache, ob ein Job glücklich und zufrieden macht oder eher nicht, von vielen verschiedenen Faktoren abhängig. Auch individuelle Charaktereigenschaften spielen eine Rolle. So können Kollegen, die identische Aufgaben und Arbeitsbedingungen haben und das gleiche Gehalt beziehen, ihren Job ganz unterschiedlich empfinden. Hier spielt die Hochsensibilität wieder eine große Rolle.

Die Einteilung der Beschäftigten in verschiedene Kategorien ist ein Versuch, das Arbeitsleben zu beschreiben und daraus abzuleiten, ob ein Berufstätiger eher in seinem Job glücklich ist oder ob er gern etwas ändern würde, sich dies aber nicht traut. Die Kategorien bieten einen Anhaltspunkt, sie können aber nicht als Gesetzmäßigkeit verstanden werden. Es gibt Berufstätige, die sich in einem Job wohl fühlen, der in einer der Kategorien als eher negativ empfunden wird. Andere gehören aufgrund ihrer Arbeit in eine Kategorie, die eine hohe Zufriedenheit verspricht. Dennoch sind sie in ihrem Job nicht glücklich und würden gern etwas ändern.

Die meisten Beschäftigten arbeiten als Söldner, Sklaven, Superstars oder Surflehrer. Die Umschreibung erfolgt anhand der Zufriedenheit mit Tätigkeiten und der Bezahlung. Das Alter der Beschäftigten spielt in dieser Kategorisierung keine Rolle. Obwohl einige der Kategorien suggerieren, dass die Beschäftigten ihren Traumjob gefunden haben, geben viele der Beschäftigten in Deutschland an, dass sie in ihrem Job unzufrieden sind. Dies widerspricht einigen Umfragen, nach denen Deutsche in der europäischen Zufriedenheitsskala ganz weit oben stehen. Mehr als 63 Prozent geben an, dass sie mit ihrer beruflichen Tätigkeit nicht zufrieden sind. Dem stehen nur knapp 36 Prozent gegenüber, die eine hohe Zufriedenheit verspüren. Fast zwei Drittel der Deutschen, die in jedem Lebensalter und unabhängig von der Art ihrer Beschäftigung befragt wurden, geben an, in ihrem Job gern etwas ändern zu wollen. Dabei handelt es sich nicht nur um Befragte, die wenig verdienen oder wenig Verantwortung haben. Auch Gutverdienende, Selbstständige und Angestellte in hohen Positionen verspüren Unzufriedenheit. Die Gründe dafür sind sehr vielfältig.

Ein niedriges Gehalt ist in allen Kategorien möglich. Es wird von vielen Beschäftigten als Grund für ihre Unzufriedenheit im Job angegeben. Vor allem Beschäftigte, die sich aufgrund ihrer

Qualifikation oder der Tätigkeit, die sie verrichten, unterbezahlt fühlen, sind von der Unzufriedenheit betroffen. Hingegen sind Beschäftigte, die mit einer einfachen Ausbildung in das Berufsleben eingestiegen sind und sich aufgrund ihrer Erfahrung beruflich etablieren konnten, auch mit einem niedrigen Gehalt sehr zufrieden.

Unter den Beschäftigten in höheren Gehaltsgruppen basiert die Unzufriedenheit häufig auf Machtkämpfen der Kollegen untereinander. Neid spielt eine sehr große Rolle, und Chefs in hohen Positionen vergessen nicht selten ihren höflichen Ton. Mit beiden Faktoren können Hochsensible nur schwer umgehen. Die Unzufriedenheit zieht sich demnach durch alle beruflichen Schichten und darf nicht allein am Gehalt bemessen werden.

Unterforderung und Überforderung als Index für die Zufriedenheit im Job

Viele Berufstätige fühlen sich im Job überfordert oder unterfordert. Darunter leiden normalsensible ebenso wie hochsensible Menschen: Die täglichen Aufgaben sind entweder zu anspruchsvoll oder sie sind zu einer Routine geworden, sodass sie wie im Akkord verrichtet werden. Interessanterweise bereitet die Überforderung vielen normalsensiblen Berufstätigen weniger Probleme als eine Unterforderung. Bei Hochsensiblen ist es umgekehrt. Auf der Zufriedenheitsskala sind diejenigen höher positioniert, die sich überfordert fühlen. Dies kann damit erklärt werden, dass eine Unterforderung häufig zu einer Art Langeweile führt. Der Tag vergeht nicht, und die eintönigen Arbeiten sorgen für Frust. Eine Überforderung ist hingegen ein hoher Stressfaktor, und damit kommen hochsensible Beschäftigte weniger gut klar.

Die Kategorie, in der du dich wiederfindest, hat keine automatische Aussagekraft darüber, ob du in deinem Job zufrieden bist oder nicht. Sie könnte aber einen Anhaltspunkt geben und dir zeigen, was du tun kannst, um eine höhere Zufriedenheit zu erreichen.

Der Söldner

Söldner machen 19 Prozent der Grundgesamtheit aus. Der Söldner arbeitet für eine gute oder sehr gute Bezahlung. Dies ist aber schon alles, denn die Arbeitsbedingungen lassen oft zu wünschen übrig. Darauf legt der Söldner aber keinen hohen Wert. Für ihn ist die Bezahlung das Maß aller Dinge. Der Zufriedenheitsgrad ist in dieser Kategorie ausgeglichen.

Der Sklave

In jeder Hinsicht unglücklich zeigen sich immerhin knapp 25 Prozent, die als Sklaven bezeichnet werden. Sklaven arbeiten viel und bekommen dafür wenig Geld und oftmals auch wenig Anerkennung. Nicht nur in einfachen Berufen, sondern auch in gehobenen Diensten gibt es Berufstätige, die dieser Kategorie angehören. Der Zufriedenheitsgrad ist eher gering.

Der Surflehrer

Surflehrer sind Everybody's Darling. Sie sind beliebt, machen ihren Job gut und machen gern die eine oder andere Überstunde, wenn sie das Gefühl haben, gebraucht zu werden. Sie sind glücklich in ihrem Job, obwohl die Bezahlung oftmals mehr als gering ist. Zu dieser Gruppe gehören rund 13 Prozent der Studienteilnehmer.

Der Superstar

Superstars schätzen ihren Job sowohl unter materiellen als auch unter immateriellen Aspekten, sie sind rundherum zufrieden. Ihr Anteil an der Gesamtanzahl der Befragten liegt bei knapp 37 Prozent. Die Karriere liegt den Beschäftigten dieser Kategorie zu Füßen. Ein hohes Gehalt, viel Verantwortung und eine lange Arbeitszeit sind häufig Gesetz. Eine Zufriedenheitsgarantie ist dies jedoch nicht, denn mehr Beschäftigte, als man denken mag, sind in dieser Kategorie sehr unzufrieden.

Der Rest der Befragten konnte nicht eindeutig einer dieser Kategorie zugeteilt werden. Grundsätzlich gibt es Beschäftigte, die in allen Kategorien glücklich oder unglücklich sind. Oftmals kann ein Wechsel des Jobs die Zufriedenheit jedoch erhöhen. Dies gilt für jeden Beruf und jedes Lebensalter.

Für die sogenannten Sklaven ist es sicherlich sinnvoll, ihren Arbeitsplatz zu wechseln. Alle anderen Arbeitnehmer, die über einen längeren Zeitraum unzufrieden mit ihrer Jobsituation sind, sollten offen ansprechen, welche Aspekte sie stören. Gemeinsam mit Vorgesetzten und Kollegen lässt sich dann in vielen Fällen eine Verbesserung der Arbeitsatmosphäre herbeiführen.

Lass uns jetzt zu einem weiteren wichtigen Einflusskriterium für die Zufriedenheit und den Erfolg hochsensibler Menschen im Arbeitsleben kommen: Ängste. Verschiedene Angstthemen können dicke Bremsklötze für deine Karriere sein. Vielleicht findest du dich hier wieder und kannst meine vorgestellten Lösungsmethoden sofort anwenden.

BEKANNTE ANGSTFALLEN UND WIE DU SIE VERLÄSST

◇◇◇◇

Man kann von seiner Art und Weise, in allen Dingen im Leben sich und sein Inneres auszuprägen, mit gegründetem Rechte auf sein sensitives oder nicht sensitives Naturell schließen. Reizbarkeit, Lebendigkeit, Feinheit des Gefühls zeichnen die Sensitiven aus. Dagegen verraten sie Beweglichkeit, Wandelbarkeit, die bisweilen in Launenhaftigkeit übergeht und weniger allgemeine Kräftigkeit des Geistes, als dies Nichtsensitiven zuzukommen pflegt.

Dr. Carl Ludwig Friedrich
Freiherr von Reichenbach

Nicht nur hochsensible Menschen werden im Berufsleben von verschiedenen Ängsten begleitet. Jedoch fällt es ihnen schwerer als normalsensiblen Menschen, diese Ängste in Schach zu halten. Sie müssen vor dem beruflichen Erfolg zunächst wirksame Strategien erarbeiten, mit denen ihnen dies gelingt. In diesem Kapitel über Ängste gebe ich dir Tipps, um Ängste zu überwinden, und im Kapitel »Erste Hilfe bei Ängsten oder Stress« (s. Seite 140) stelle ich dir einige höchst wirksame Methoden gegen Stress und Ängste vor.

DIE ANGST VOR DER UNGEWISSHEIT

Ungewissheit wirkt wie ein Krankmacher. Es gibt kaum ein schlimmeres Gefühl als die Ungewissheit. Lieber werden wir direkt mit einer unangenehmen Situation oder Konsequenz unseres Handelns konfrontiert, als den Ausgang nicht zu kennen. Doch manchmal ist es nicht möglich, die Ungewissheit in einem bestimmten Moment zu umgehen. Diese Situation ist für hochsensible Menschen nur schwer zu ertragen.

Der Hauptgrund für diese Angst ist Kontrollverlust

Nicht zu wissen, ob eine Prüfung bestanden wurde oder ob das gesamte Lernen umsonst war, ist fast grausamer als die klare Gewissheit, dass man tatsächlich nicht bestanden hat. Wenn Berichte von vermissten Kindern im Fernsehen auftreten, ist es vor allem die Ungewissheit darüber, was mit ihnen geschehen ist, die an den Eltern nagt. Und wenn ein kritisches Gespräch bevorsteht, dessen Ausgang du nicht vorhersagen kannst, macht dich das sicherlich nervöser als ein Termin mit eindeutigem Verlauf. Kein Wunder, dass die Ungewissheit bei vielen Menschen mit Hochsensibilität – noch im besten Fall – zu schlechter Laune und Unbehagen führt. Manche feinfühligen Menschen reagieren noch heftiger, gerade auf eine länger andauernde Phase der Ungewissheit. Sie haben Depressionen und Schlafstörungen, die wiederum andere Krankheiten nach sich ziehen können. Manchmal ist das natürlich verständlich, wenn beispielsweise Ungewissheit über Leben oder Tod eines geliebten Menschen besteht. Wenn jedoch beispielsweise ein Gespräch mit dem Chef bevorsteht, sollte die Ungewissheit nicht zum Krankmacher werden. Auch ein negativer Einfluss auf das eigene Selbstbewusstsein kann bei Hochsensiblen durch permanente Ungewissheit entstehen. Wer dadurch merkt, dass eben nicht alle Bereiche des Lebens kontrollierbar sind, stellt eigene Leistungen oft unter den Scheffel.

Der Grund dafür, warum die Ungewissheit manchmal schlimmer ist als die noch so negative Wahrheit: Wenn eine Situation nicht klar eingeschätzt werden kann, entzieht sie sich unserer Kontrolle. Und für viele zartbesaitete Menschen spielt die Kontrolle eine wichtige Rolle in ihrem Leben. Das Unvorhersehbare soll vermieden werden, eine klare Linie soll im Fokus stehen. Dass es leider nicht immer so läuft wie geplant, ist wohl jedem Menschen bekannt. Dennoch ist gegen einen gewissen »Lebensplan«, an dem du dich orientieren kannst, natürlich nichts einzuwenden. Wichtig ist, den Unterschied zu kennen zwischen dem Planbaren und dem, was sich nicht verhindern lässt. Daher solltest du lernen, mit der nicht immer vermeidbaren Ungewissheit umzugehen. Was nützt dir der beste, kontrollierte Plan, wenn dich plötzlich die Ungewissheit überfällt und in eine tiefe Krise stürzt? Klar, dass dir nackte Tatsachen und klare Fakten in so manch unangenehmer Situation lieber sein werden als das Schwanken zwischen Hoffen und Bangen. Doch solltest du auf ungeliebte Überraschungen vorbereitet sein, ohne dich der blanken Panik hinzugeben.

Tipps zum Überwinden dieser Angst

Die folgenden Tipps werden dir helfen, die Angst vor Ungewissheit zu erkennen, zu akzeptieren und dagegen vorzugehen.

Akzeptiere die Ungewissheit

Wichtig ist, die Ungewissheit als Teil des eigenen Lebens zu akzeptieren. Es wird immer wieder Momente geben, in denen noch nicht klar ist, was als Nächstes geschieht und welche vielleicht schlimmen Überraschungen dich erwarten werden. Auch deine Entscheidungen spielen nicht immer eine Rolle bei Momenten des Ungewissen – sie können vollkommen unabhängig von deinen bisherigen Entscheidungen auftreten. Diese Tatsachen zu respektieren hilft dir schon dabei, gelassener zu werden und Ängste infolge der Ungewissheit gar nicht erst aufkommen zu lassen. Es ist wichtig, sich bewusst zu machen, dass jeder Mensch früher oder später mit ungewissen Situationen konfrontiert wird. Es trifft also nicht immer nur dich! In der konkreten Situation kann es weiterhin helfen, dir in Erinnerung zu rufen, welche angenehmen Überraschungen so manche vergangene Ungewissheit zutage brachte. Denn nicht immer muss das schlimmste Szenario auch Wirklichkeit werden. So hilfst du dir selbst dabei, die Ängste infolge der Ungewissheit zu kontrollieren und in keinen gefährlichen Teufelskreis aus Depressionen, Selbstzweifeln und Schlafstörungen zu gelangen.

Suche die Ungewissheit

Hast du die Ungewissheit in deinem Leben akzeptiert und kannst deine Ängste schon besser kontrollieren, geht es an den nächsten Schritt. Es gilt, Gewohnheiten und Routinen aufzubrechen und bewusst von klaren Richtlinien abzuweichen. Stell dich der Herausforderung und suche absichtlich das Ungewisse, um dich besser für künftige, unvermeidbare Situationen zu wappnen. Gib die Kontrolle über dein Leben ab und verlass deine Komfortzone, ohne viel im Vorfeld darüber nachzudenken. Handle einfach intuitiv, aus dem Bauch heraus. Dazu kann gehören, neue Freundschaften zu knüpfen oder dir einen neuen Job zu suchen. Vielleicht ist die Zeit ohnehin gerade reif dafür, weil du das Gefühl hast, in deiner Arbeit nicht glücklich zu werden? Wenn du bewusst das Ungewisse suchst, wirst du außerdem merken, dass manchmal die Regel »Wer nicht wagt, der nicht gewinnt« zutrifft. Vielleicht ergeben sich Chancen, die du nie ergriffen hättest, wenn die Komfortzone nicht bewusst verlassen worden wäre. Oder dein Traumjob sorgt für neue Herausforderungen, denen du dich gern stellen willst.

Die Ungewissheit zu akzeptieren und sie bewusst zu suchen, macht dich stärker. Doch auch zwei wichtige Mechanismen können dir dabei helfen, die Angst vor dem Ungewissen zu verlieren: Zuversicht und Optimismus. Ein gesunder Realismus ist zwar nicht falsch, doch manchmal musst du dir selbst einfach Mut machen und nicht immer von dem Negativen ausgehen. Hab keine Sorge, was morgen sein könnte, sondern lebe bewusst im Hier und Jetzt. Das kann dir dabei helfen, die Ungewissheit loszulassen und eine unbeschwerte Zukunft zu planen – in dem Maße, in dem es dir möglich ist. Und gerade Situationen, die du ohnehin nicht beeinflussen könntest, solltest du aus deinem Kopf verbannen. Wenn du über etwas nachgrübelst, das außerhalb deines Kontrollbereichs stattfindet, machst du dich nur selbst unglücklich; und das Ohnmachtsgefühl in der ungewissen Situation ist wieder da. Besser ist, deine eigenen Freiheiten und Fähigkeiten so gut es geht auszukosten und effektiv zu nutzen.

Gegen die Ohnmachtsgefühle in Zeiten der Ungewissheit hilft Akzeptanz sowie die bewusste Suche nach dem Neuen oder Unbekannten. Es muss ja nicht gleich das große Risiko sein. Ich selbst habe mir seit meiner Jugend eine Freude daraus gemacht, Premieren zu sammeln: Dinge, die ich noch nie erlebt, getan, geschmeckt, erfahren habe. Ich habe so vieles ausprobiert wie Fallschirmspringen, Tauchen, neue Speisen, fantastische Orte, abenteuerliche Erfahrungen. Je öfter du positive Erfahrungen mit dem Ungewissen machst, desto eher wappnest du dich gegen Ängste und Depressionen in unsicheren Phasen. Und das gelingt dir nur, wenn du aktiv über den Tellerrand hinausschaust.

DIE ANGST VOR ABLEHNUNG

Angst vor Zurückweisung ist ein Thema, das für hochsensible Menschen besonders relevant ist. Da ist der sensible Mann, der schon seit Langem in seine Nachbarin verliebt ist, sich aber nicht traut, die Frau anzusprechen. Da ist die feinfühlige Frau, die lieber 50 bis 60 Überstunden im Monat leistet, statt ihren Chef zu bitten, sie zu entlasten. Da sind viele hochsensible Menschen, die ihre eigenen Bedürfnisse und Wünsche zurückhalten, weil ihnen der Mut fehlt, sie offen anzusprechen. Sie reagieren eher, als dass sie ihr Leben aktiv gestalten. Sie leben in der unterschwelligen Angst, auf Ablehnung zu stoßen. Abgelehnt zu werden, bedeutet für Hochsensible oftmals ein Angriff auf ihr Selbstwertgefühl, das sich in weiten Teilen aus der Anerkennung anderer Menschen nährt. Bleibt diese Anerkennung aus, fällt das Selbstwertgefühl in sich zusammen.

Viele haben aber auch Angst vor Zurückweisung, weil sie befürchten, alleingelassen zu werden. Einer Gemeinschaft anzugehören, bedeutet Sicherheit. Allein zu sein bedeutet im wahrsten Sinne des Wortes, auf sich allein gestellt zu sein. Für hochsensible Menschen, die unter Angst vor Zurückweisung leiden, ist dies eine bedrohliche Vorstellung, denn allein trauen sie sich viel zu wenig zu.

Wie kommt es, dass die Angst vor Ablehnung so groß ist?

Die Ursachen der Angst vor Zurückweisung sind vielfältig. Eine Rolle spielt, dass die Angst vor Ablehnung fest im ältesten Teil unseres Gehirns – dem Stammhirn – seit Jahrtausenden verankert ist. Diese »Erinnerungen« gehen zurück in die Zeit, als Männer noch Jäger und Sammler waren und Frauen das Überleben der »Sippe« in den Höhlen sicherten. Von der Gemeinschaft ausgestoßen zu werden bedeutete den sicheren Tod, denn allein hatte keiner unter den damaligen Lebensbedingungen eine Überlebenschance.

Wenn wir als Kinder auf die Welt kommen, sind unsere Eltern in der Regel unsere ersten Ansprechpartner, gefolgt von Erziehern, Lehrern, Ausbildern etc. Alle diese Menschen prägen unsere Einstellungen, Lebens- und Wertevorstellungen sowie unsere tiefsten Überzeugungen über die Welt und uns selbst. Reagieren Eltern beispielsweise auf nicht erfüllte Erwartungen mit Liebesentzug, wird sich wahrscheinlich die Überzeugung: »Ich werde nur geliebt, wenn ich das tue, was meine Eltern wollen« im hochsensiblen Kind festsetzen. Diese Überzeugung wird sein künftiges Verhalten steuern. Aller Wahrscheinlichkeit nach wird es sich anpassen oder aber auch erst recht zum Rebell werden, so wie ich in meinen jungen Jahren.

Bedenkt man, dass sich die Gehirnstruktur eines Kindes von der Geburt an bis zum sechsten Lebensjahr ausbildet, kann man sich leicht vorstellen, dass die Erfahrungen, die wir mit Papa und Mama machen, besonders prägend sind. Sie verankern sich als allgemeingültige Wahrheiten in uns. In der Psychologie und im Coaching sprechen wir dann von Glaubenssätzen. Diese Glaubenssätze wirken in unserem Erwachsenenleben weiter, meist ohne dass es uns bewusst ist. Dass sie wirksam sind, erkennen wir daran, dass wir uns häufig in Lebenssituationen wiederfinden, die sehr stark den Erfahrungen unserer Kindheit ähneln, und dass wir auf bestimmte »Trigger« in immer gleicher Weise reagieren, selbst wenn wir insgeheim wissen, dass uns dies nicht guttut.

So kannst du diesen Teufelskreis verlassen

Mache dir bewusst: Du lebst heute in keiner Situation mehr, in der das Ausgestoßensein von der Gemeinschaft den Tod bedeutet. Es wird im Berufsleben und im Privatleben immer Menschen geben, die dich ablehnen, aber das hat vielleicht gar nichts mit dir zu tun, sondern mit ihnen selbst. Womöglich entdecken diese Personen einen Zug an dir, den sie selbst haben, aber nicht mögen. Vielleicht schätzen sie dich, weil du ihre Erwartungen erfüllst. Sobald du jedoch nicht mehr bereit bist, ihre Wünsche zu erfüllen, lassen sie dich fallen. Mache dir bewusst, dass nur du deinen aufgrund deiner Ablehnungserfahrungen gesunkenen Selbstwert bestimmen kannst, ansonsten machst du dich von den Bewertungen anderer abhängig.

Die Annahme, dass du »immer« abgelehnt wirst, ist nur ein Produkt deiner eigenen Gedanken: »Wenn ich dies und das tue /nicht tue, lehnt mich der andere ab.« Das ist reines Kopfkino, weil du gedanklich auf Erfahrungen zurückgreifst, die du in deinem Leben früher gemacht hast. Jetzt gehst du davon aus, dass sie sich zwangsläufig wiederholen müssen. Überprüfe, ob das in der Realität wirklich so ist. Und wenn dem so ist: Du wirst nicht daran zerbrechen, denn heute bist du erwachsen und kannst dich wehren. Finde heraus, welche negativen Glaubenssätze dich prägen. Ersetze sie durch positive, nährende und nützliche Glaubenssätze, dann kannst du deinen Karriereweg erheblich ebnen.

Das Wichtigste bei der Angst vor Ablehnung ist, zu lernen, sich selbst zu akzeptieren – sich trotz seiner Defizite anzunehmen und sich auf eine gesunde Weise zu lieben. Was für den Körper ein gesundes Immunsystem ist, das einen Menschen vor Krankheiten schützt, ist eine gesunde Selbstakzeptanz auf der seelischen und psychischen Ebene. Sie macht immun gegen »Attacken«.

Woran du merkst, dass du dich selbst liebst? Daran, dass du Schmetterlinge im Bauch hast, wenn du dich gedanklich oder tatsächlich umarmst. Dass du liebevoll denkst: »Ja, so bin ich, und das ist gut so. Es ist gut und wichtig, dass es mich gibt.« Am Anfang werden dir solche Gedanken womöglich völlig abwegig erscheinen, schließlich bist du es seit Jahrzehnten ja gewohnt, schlecht, strafend und kritisierend über dich nachzudenken, so wie viele Hochsensible. Aber es gibt eine gute Botschaft für dich: Selbstakzeptanz kann man trainieren – jeden Tag und mit einem minimalen Zeitaufwand.

DIE ANGST VOR ENTSCHEIDUNGEN

Entscheidungen zu treffen, kann für viele Menschen eine erschreckende Perspektive sein. Sie haben Angst vor dem, was passieren wird, wenn sie nicht die richtige Entscheidung treffen. Die Angst vor der falschen Entscheidung kann hochsensible Menschen im Beruf so stark prägen, dass es zur Unfähigkeit führen kann, selbst kleinste Entscheidungen zu treffen. Das macht diese Menschen in erhöhtem Maße von anderen abhängig. Doch es gibt ein paar Möglichkeiten, die Angst vor Entscheidungen zu überwinden und dich bei der Arbeit und im Leben voranzubringen.

In der Psychologie wird zwischen zwei Arten von Angst unterschieden: gesunde und ungesunde Angst. Wenn wir zum Beispiel Angst vor Spinnen haben oder Angst haben, etwas nicht erfolgreich zu machen, dann haben wir eine ungesunde Angst. Diese Angst ist unproduktiv, sie lähmt uns und unterdrückt unsere Handlungen und blockiert den normalen Ablauf der Dinge. Auf der anderen Seite, wenn wir viel rauchen und Angst haben, unsere Gesundheit zu gefährden, dann ist dies eine gesunde Angst. Diese gesunde Angst könnte uns motivieren, bessere Entscheidungen zu treffen und unser Leben besser zu organisieren.

Ist es dir schon einmal passiert, dass du eine Entscheidung so lange verschoben hast, bis du die Gelegenheit am Ende verpasst hast? Das ist natürlich ärgerlich, aber es gibt einen Unterschied zwischen einfacher Unentschlossenheit und den Anzeichen von Decidophobie, die eine *lähmende* Angst ist, die bei Entscheidungen auftaucht.

Angst ist ein natürlicher Teil des Lebens, aber ausgewachsene Phobien zeichnen sich durch eine überproportionale Intensität aus. Dabei muss die Angst in keinem angemessenen Verhältnis zu der tatsächlichen Gefahr stehen, die von der spezifischen Situation oder dem spezifischen Objekt ausgeht. Obwohl es natürlich ist, sich Sorgen über eine große Lebensentscheidung zu machen, haben einige hochsensible Menschen so große Angst, Entscheidungen zu treffen, dass sie alles unternehmen, um sie zu vermeiden. Glücklicherweise lässt sich Entscheidungsangst relativ leicht auflösen. Jahrzehntelange Forschung hat gezeigt, dass immer dann, wenn Menschen sich allmählich der Quelle ihrer Angst in einem sicheren Kontext aussetzen, diese Angst recht schnell verschwindet.

Warum tust du alles, um eine Entscheidung zu vermeiden?

Schauen wir uns die wichtigsten Anzeichen von Entscheidungsangst bei hochsensiblen Menschen an. Denke jedoch daran, dass nur Fachleute tiefgehende psychische Störungen diagnostizieren können. Wenn du eines der folgenden Anzeichen wiedererkennst, kann dies ein Zeichen sein, ein Gespräch mit einem Experten zu suchen.

Entscheidungsangst ist unter anderem durch Vermeidungsverhalten gekennzeichnet. Es gibt also Entscheidungen, die ein

Hochsensibler vielleicht treffen möchte, aber aus Angst vor der Veränderung nicht treffen kann. Dabei ist die Angst so besorgniserregend, dass die Menschen sich sehr bemühen werden, eine Entscheidung zu vermeiden. Natürlich kann dies zu echten Beeinträchtigungen führen. Die Unfähigkeit, Entscheidungen zu treffen, kann sowohl den Beruf, die menschlichen Beziehungen als auch die Kontrolle des Lebens stark beeinflussen.

Menschen mit Entscheidungsangst machen sich häufig von anderen abhängig, wenn es darum geht, bestimmte notwendige Entscheidungen zu treffen. Im Laufe der Zeit kann das zu einer ungesunden Abhängigkeit von anderen Menschen führen. Ähnlich wie die Entscheidungen in die Hände anderer Menschen zu legen, nutzen Menschen mit Entscheidungsangst oft auch Formen mentaler Hilfen wie Kartenlegen, Astrologie oder ähnliche Dinge. Grundsätzlich ist nichts Falsches daran, an solche Methoden zu glauben. Aber sich bei jeder Lebensentscheidung auf diese Hilfen zu verlassen, ist möglicherweise nicht die gesündeste Vorgehensweise, vor allem nicht bei beruflichen Weichenstellungen.

Tipps zur Überwindung dieser Angst

Zerstöre die Ketten, die dich binden! Angst ist eine instinktive Reaktion auf eine potenzielle Gefahr. Wenn du damit konfrontiert wirst, kann Angst jedoch auch ein ebenso starker positiver Indikator sein. Anstatt zuzulassen, dass die Angst dich lähmt, kannst du die Ketten zerreißen, die dich binden. Dies bedeutet, trotz aller Angst mutige, konsequente Maßnahmen zu ergreifen. Sobald du die Angst durchbrochen hast, kannst du nicht nur wichtige Entscheidungen treffen, sondern auch das Leben nach deinen eigenen Vorstellungen leben. Die folgenden Tipps haben sich bei vielen meiner hochsensiblen Klienten sehr bewährt.

Reduziere die Anzahl der Entscheidungen

Wenn Entscheidungen für dich ein Problem sind, solltest du das erkennen und die Entscheidungsfindung in so vielen Bereichen wie möglich reduzieren. Iss immer zur gleichen Zeit, trage Standard-Outfits. Entwickle eine Morgen-, Arbeits- und Abendroutine. Versuche andere Dinge, um Entscheidungen zu reduzieren. Überlege dir auch, Entscheidungen zusammen mit einem anderen Menschen zu treffen, dem du vertraust. Wichtig ist, die Arbeitsweise des anderen zu beobachten und daraus Dinge für die eigene Entscheidungsfindung zu lernen.

Sei neugierig

Frage dich: »Was ist das absolut Schlimmste, das passieren könnte, wenn ich X mache?« Darauf sollte folgen: »Wie groß ist die Wahrscheinlichkeit, dass dies eintritt?« Und weiter: »Gibt es eine andere gute Möglichkeit?« Frage dich auch: »Wenn ich mich für X entscheide, welchen kleinen Schritt kann ich heute machen, um dies voranzubringen?« Entscheide dich dafür, einen Schritt nach vorne zu machen. Vertraue darauf, dass dich die Entscheidung zum nächsten logischen Schritt führt.

Sieh die Dinge aus einer anderen Perspektive

Viele Dinge ändern sich nicht, bis wir sie ändern. Wenn du jedoch in deinen Entscheidungen gelähmt bist, hilft es manchmal, die Perspektive zu ändern.

Lerne, dir selbst zu vertrauen

Es gibt eine einfache Übung, die du machen kannst, wenn die Angst einsetzt. Sage den folgenden Satz an sieben aufeinander folgenden Tagen mindestens fünfmal pro Tag laut: »Weil ich mir selbst vertraue!« Beobachte am achten Tag die Unterschiede, die du spürst. Bevor du eine Entscheidung triffst, sage den Satz. Beginne mit kleinen Entscheidungen und traue dir im Laufe der Zeit größere Entscheidungen zu.

Denke an mögliche Ergebnisse

Wenn die Entscheidungsfindung für dich schwierig ist, überlege dir die möglichen Optionen und Konsequenzen. Welches Ergebnis fürchtest du am meisten und warum? Wo liegt das Risiko, was kannst du verlieren oder gewinnen, und was ist das Schlimmste, das passieren könnte? Stärke dich, indem du dich auf das Worst-Case-Szenario vorbereitest, und überlege, wie du damit umgehen kannst. Auch unerwünschte Ergebnisse können neue Chancen eröffnen.

Mache einen Schritt nach dem anderen

Veränderungen können manchmal sehr schwer sein. Nicht jeder mag es, von der Routine abzuweichen und große oder kleine Entscheidungen zu treffen. Denke daran, dass eine Entscheidung auch immer eine Lernerfahrung ist, egal, in welcher Form. Jede Wahl, die wir treffen, lehrt uns etwas. Hab keine Angst vor dem Ergebnis, sondern freue dich darauf. Die nächste Entscheidung könnte die beste sein, die du jemals getroffen hast.

Setze Prioritäten

Erkenne deine Prioritäten (es sollten nicht mehr als drei sein). Erstelle eine Liste deiner Ziele und einen Plan, um deine Prioritäten voranzutreiben. Wenn die Entscheidung nicht zu deinen Prioritäten oder zu deinen Plänen passt, lautet die Antwort »Nein« oder »jetzt nicht«. Entscheide dich für die anderen Dinge, wenn die Zeit dafür reif ist.

Halte an und atme durch

Wenn jemand Angst hat, selbst die kleinste Entscheidung zu treffen, hat er möglicherweise zu viele Ideen gleichzeitig im Kopf. Das kann auch typisch für eine vielbegabte Scanner-Persönlichkeit sein (s. »Zum Nachschlagen« auf Seite 279). Dann nimm dir einen Moment Zeit oder fünf Minuten oder mache bei größeren Entscheidungen sogar einen kleinen Urlaub, um zu überlegen. Normalerweise vernachlässigen wir in diesen Situationen eines der wichtigsten Dinge: den Schlaf. Wenn unser Körper nicht genug ruht, erscheint eine andere Variable, Müdigkeit, die unsere Situation noch verschlimmern wird. Versuche deshalb genug zu schlafen, weil es wichtig ist, frisch zu sein, wenn du wichtige Entscheidungen treffen musst. Manchmal wacht man morgens auf – und weiß die Lösung.

Hab keine Angst vor dem Wettbewerb

Im beruflichen Leben gibt es noch viele Menschen, die sich und dich als Konkurrenten sehen. Aber nur weil du Angst vor Entscheidungen hast, musst du nicht aufhören zu kämpfen. Deinem Gegenüber geht es vielleicht genauso, selbst wenn du einmal keine Angst in ihm erkennen solltest. Entziehe dich dem Wettbewerb auf keinen Fall: Die erste Regel beim Gewinnen ist die Teilnahme.

Schiebe keine Entscheidungen auf

Viele verschieben oder verzögern bestimmte Entscheidungen, weil sie Angst vor dem Ergebnis haben. Aber am Ende musst du dich doch entscheiden und mit der Zeit wird das nicht einfacher. Mehr noch, Druck und Stress können dann noch intensiver werden. Also entscheide die Dinge zum richtigen Zeitpunkt und lebe mit dem Ergebnis.

Vielleicht haben die meisten Menschen Angst vor dem Unbekannten und vor der Zukunft. Aber denke immer daran, dass das größte Hindernis für den Erfolg die Angst vor dem Scheitern ist.

DIE ANGST VOR ERFOLG

Noch eine weitere Angst kann die Karriere eines hochsensiblen Menschen ausbremsen: die Angst vor dem Erfolg. Sie hat auch den Namen Methatesiophobie. Doch äußert sich die Angst vor dem Erfolg anders, als du vielleicht glaubst. Es ist nicht so sehr die Furcht vor den Risiken, die dabei im Vordergrund stehen und die Teil einer erfolgreichen Karriere sind. Es ist auch nicht unbedingt die Furcht davor, keinen Erfolg mehr zu haben und in finanzielle Nöte zu geraten. Es ist eher die Furcht vor Veränderungen, die mit dem Erfolg einhergehen, und die Angst, dennoch nicht zufrieden zu sein.

Woher kommt die Angst vor dem Erfolg?

Erfolg bringt eine Veränderung der Lebenssituation mit sich. Zumeist positive Veränderungen, sollte man meinen. Die Achtung der Mitmenschen, ein höheres Einkommen, gewiss macht Erfolg auch attraktiv. Das sind nicht die Dinge, die manchen Hochsensiblen Angst machen. Es sind die anderen Veränderungen, die mit dem Erfolg einhergehen. Zum Beispiel, dem größeren Druck nicht gewachsen zu sein. Mit dem Erfolg steigen auch die Anforderungen, nicht nur aus dem Umfeld heraus, sondern auch die Anforderungen an sich selbst. Als hochsensibler Mensch fragst du dich vielleicht, ob du diesen neuen Anforderungen gerecht werden kannst und ob das alte Leben nicht doch viel bequemer war. Zusätzlich müssen alte Gewohnheiten aufgegeben und neue Kenntnisse und Fähigkeiten erworben werden. Auf einem

Erfolg kannst du dich nicht ausruhen, er impliziert auch sogleich die Frage nach dem nächsten Schritt.

Diese Überlegungen sind es, die hochsensible Menschen davor zurückschrecken lassen, zu versuchen, die Karriereleiter aufzusteigen oder sich endlich selbstständig zu machen. Denn Erfolg ist flüchtig und zieht Erwartungen nach sich, an sich selbst und durch andere Menschen. Außerdem kann sich durch den Erfolg das soziale Umfeld verändern. Manche Mitmenschen packt der Neid und sie wünschten sich nichts mehr, als dass deine Erfolgssträhne unterbrochen wird. Außerdem können sich die veränderten Gewohnheiten auf das Umfeld auswirken. Was, wenn dich der Erfolg zwingt, mehr Zeit mit der Arbeit zu verbringen, anstatt mit der Familie oder den Freunden? Was, wenn die sich vernachlässigt fühlen und sich abwenden?

Letztlich können wir nicht voraussagen, was geschehen wird. Die Fantasie eines Menschen mit Hochsensibilität ist groß, auch beim Ausmalen von Schreckensszenarien. Die Veränderungen, die durch den Erfolg bedingt sind, könnten Konsequenzen nach sich ziehen, die sich nicht erahnen lassen.

Die Furcht selbst ist ein Teil unseres Daseins und half dem Menschen seit jeher zu überleben. Jede Sekunde verarbeitet unser Gehirn Millionen von Sinnesreizen, wovon nur ein winziger Teil bewusst wahrgenommen wird. Unter anderem die Reize, die für das Überleben wichtig sind. Dazu gehören auch Reize, die Gefahr signalisieren. Hochsensible Menschen nehmen einen speziellen Angstreiz oft stärker wahr als andere Menschen. Vor allem visuelle Reize jagen uns Angst ein. Aber auch, was wir uns vorstellen, kann uns Angst machen. Aus der Psychologie weiß man, dass Ängste zunehmen, je mehr man ihren eigentlichen Auslöser meidet.

Keine Angst, Fehler zu begehen

Die Angst davor, Fehler zu machen, treibt viele hochsensible Menschen um. Besonders schwer wiegt diese Angst, wenn hohe Erwartungen an einen gestellt werden oder viel Verantwortung auf den eigenen Schultern liegt. Erfolglose Menschen können es sich eher leisten, dass mal etwas schiefgeht, ist man doch von ihnen nichts anderes gewohnt. Bei erfolgreichen Menschen hingegen könnte sich ein kleinster Fehler zu einer Katastrophe entwickeln. Wer hoch hinauswill, der kann auch tief stürzen. Daher müssen erfolgreiche Menschen perfekt sein. So zumindest denken viele Hochsensible, aber das ist falsch. Fehler gehören zum Leben dazu und es gibt keinen Grund, sich vor ihnen zu fürchten. Ganz im Gegenteil: Fehler können auch zu wertvollen Erfahrungen werden. Es ist also wichtig, sie zu machen, um daran zu wachsen.

Auch erfolgreiche Menschen begannen ihren Weg nicht perfekt, oftmals beruht ihr Erfolg gerade darauf, Fehler zu begehen, aus ihnen zu lernen, neue Kraft zu schöpfen und weiterzumachen. Ob es sich nun um Geschäftsleute, Künstler oder Sportler handelt: Sie alle haben zumeist viele, teilweise unzählige Fehler begangen. Doch sie sind heute da, wo sie sind, weil sie nicht aufgegeben haben. Aus dem Scheitern gehen Menschen nicht nur klüger, sondern auch emotional gestärkter hervor. Vor allem, wenn du merkst, dass du trotz deiner Fehler dennoch weitermachen kannst, wird sich dein Selbstvertrauen ungemein erhöhen.

Letztlich handelt es sich bei der Angst vor dem Erfolg nur um Einbildungen, nicht um tatsächliche, physische Gefahren. Somit kannst du auch deinen eigenen Verstand anwenden, um diese

Ängste aus dem Weg zu schaffen. Viele hochsensible Menschen haben auch einen besonders scharfen Verstand oder zählen gar zu den kognitiv hochbegabten Talenten. Wenn das bei dir der Fall ist, umso besser: Nutze deinen Verstand für die Auseinandersetzung mit diesen Ängsten.

Zuerst einmal kannst du dir ein paar grundlegende Fragen stellen: Wie realistisch sind deine Befürchtungen? Ist es wirklich besser, dort zu verbleiben, wo du gerade bist? Um welche Gefühle handelt es sich, denen du aus dem Weg gehen willst? Du solltest dich gründlich mit diesen Überlegungen auseinandersetzen. Je mehr Zeit du dir dafür nimmst, desto mehr werden die Ängste vergehen. Du könntest darüber meditieren oder dir einfach über einen langen Zeitraum immer wieder diese Fragen stellen. Oftmals ist es nämlich so, dass Menschen, die sich vor den Gefahren des Erfolgs fürchten, nur diffuse Ängste haben.

Doch wenn du lange genug über deine eigene Situation nachdenkst, wirst du feststellen, dass sich der Weg nach vorne durchaus lohnen kann und das Einzige, das dir im Wege steht, nur deine eigenen Gedanken und Emotionen sind. Wenn du den Perfektionismus beiseitelegst und dich darauf einlässt, auch mal Fehler begehen zu können, dann kann dich nichts mehr aufhalten. Letztlich bist du selbst für dein eigenes Glück verantwortlich.

SO MEISTERST DU STRESS UND REIZÜBERFLUTUNG

◇◇◇◇

Der höhere Mensch hat Seelenruhe und Gelassenheit, der gewöhnliche ist stets voller Unruhe und Aufregung.

Konfuzius

Eine ausgeprägt hohe Intuition, ein starker Gerechtigkeitssinn, ein großer Idealismus, hohe Feinfühligkeit, intensives Empfinden und Wahrnehmen, Genauigkeit und Verlässlichkeit, sehr gute Wahrnehmung von Details, tiefe Reflexionen und Denken in großen Zusammenhängen sowie große Kreativität sind einige positive Aspekte der Empfindsamkeit.

Demgegenüber stehen eine geringe Stressresistenz, Abgrenzungsschwäche, Neigung zu Überreaktionen, rasche Gereiztheit und hohes Rückzugsbedürfnis bei Hochsensiblen. All das erzeugt Stress, der wirklich Gift ist für Menschen mit einer besonders sensiblen Natur. Widmen wir uns nun wirkungsvollen Strategien gegen Stress und Reizüberflutung im Beruf.

STRESS IM JOB – GRÜNDE, STRATEGIEN UND MEHR

»Ich bin gestresst!« Im Schnitt sagt jeder fünfte Deutsche diesen Satz regelmäßig. Volle Terminkalender, Zeitdruck und das ständige Gefühl, die Arbeit nicht mehr im Griff zu haben – all das wirkt sich in vielerlei Hinsicht negativ aus. Der Stress hat sich längst zu einem ausdauernden Begleiter entwickelt. Und er ist einer der Hauptauslöser für psychische Erkrankungen. 10 Prozent der Fehltage lassen sich auf Stress im Job zurückführen.

Ganz ohne Stress geht es nicht. Belastungen gehören zum Leben dazu. Stress ist eine Anpassungsreaktion auf belastende Situationen, die dich kurzfristig aus der Balance werfen. Diese Anpassungsreaktion mobilisiert Energie und ermöglicht hochkonzentriertes Arbeiten. Hält der Stress länger an, gehen die positiven Aspekte allerdings verloren. Der hochsensible Körper reagiert mit Bluthochdruck, Störungen im Magen-Darm-Trakt oder auch mit Tinnitus. Kann der Stress an dieser Stelle immer noch nicht abgebaut werden, folgen Erschöpfungszustände, die so schwer werden können, dass sie sogar in Depressionen und Angstattacken gipfeln.

Deine persönliche Stressampel verstehen

Bei der sogenannten Stressampel handelt es sich um eine Analyse in drei Phasen. Anhand dieser Ampel kannst du für deinen individuellen Umgang mit Stress deine eigene Lösung finden. Die drei Phasen werden jeweils von einem Leitsatz begleitet. Wenn du diese Sätze vervollständigen kannst, wächst dein Bewusstsein für die Stressauslöser, die Stressverstärker und deine persönlichen Stressreaktionen. Diese Analyse ist wichtig, damit du im nächsten Schritt effektive Maßnahmen dagegen entwickeln kannst.

Phase 1: Die Stressauslöser

Ergänze den Satz: »Ich gerate in Stress, wenn …«

Es geht hier darum, herauszufinden, was bei dir genau den Stress auslöst. Das heißt, du suchst nach konkreten Ursachen in deinem persönlichen beruflichen Umfeld. Schreibe die Stressoren auf und führe sie dir immer wieder vor Augen.

Phase 2: Die Stressverstärker

Ergänze den Satz: »Ich setze mich selbst unter Stress, indem …«

In der ersten Phase beobachtest du nur. In dieser Phase steigst du in die kritische Selbstreflexion ein. Welche deiner Gedanken und Einstellungen führen zu noch mehr Stress? Ist es Perfektionismus, Ungeduld oder der Wunsch nach Kontrolle? Oder gar etwas ganz anderes?

Phase 3: Deine Reaktion auf Stress

Ergänze den Satz: »Wenn ich im Stress bin, dann …«

Stressreaktionen sind sehr individuell. Der eine reagiert mit Emotionen wie Angst, der andere mit Aggressionen gegenüber anderen Personen. Wieder andere stürzen sich in die Arbeit, um möglichst schnell gute Ergebnisse zu erhalten. Auch körperliche Reaktionen fallen in diese Kategorie. Dazu zählen zum Beispiel Bauch- und/oder Kopfschmerzen und in einigen Fällen auch Übelkeit.

So wirkt der Stress in deinem Körper

Tatsächlich wirkt Stress im Körper wie eine Droge. Wer über längere Zeit mit Stress zu tun hat, findet nur sehr schwer einen Weg heraus. Um zu lernen, mit Stress besser umzugehen und ihn abzubauen, ist es wichtig zu wissen, was im Körper eigentlich genau abläuft.

Der steigende Stresspegel bringt den Körper auf Hochtouren, und das innerhalb weniger Sekunden. Das Gehirn aktiviert das autonome Nervensystem und gleichzeitig die Nervenstränge des Sympathikus und des Parasympathikus. Der erste ist für die Reaktionen Kampf und Flucht zuständig, der andere steuert die Erholung und die Verdauung.

Der Sympathikus meldet den Stress an die Nebennieren. Das Mark dieses kleinen Organs setzt Adrenalin frei und schickt Noradrenalin in die Blutbahn. Herzschlag und Blutdruck steigen, die Muskeln spannen sich an. Gleichzeitig vermindert das Adrenalin den Speichelfluss, der Mund wird trocken. Das Gehirn ist plötzlich hellwach. Die Denkleistung und auch die Geschwindigkeit, in der Entscheidungen gefällt werden, sind enorm erhöht. Die Pupillen weiten sich. Dadurch wird mehr Licht durchgelassen, was im Extremfall sogar zu Störbildern und verschwommenem Sehen führen kann. Die Hände und Füße werden kalt, das Gesicht wird blass. Der Grund dafür ist, dass das Blut in die Muskulatur des Skeletts sowie in die inneren Organe umgeleitet wird. Damit wird die Gefahr, bei leichten Verletzungen zu verbluten, stark verringert. Die Körpertemperatur steigt, und die Atmung beschleunigt sich. Auch wenn zunächst Atemlosigkeit auftritt, ist das Ziel die optimale Versorgung des Körpers mit Sauerstoff.

Der Stress und seine Hormone – was geschieht da eigentlich genau?

Mit einiger Verzögerung steigt auch die sogenannnte Stresshormonachse in das Geschehen ein. Der Hypothalamus schüttet den Botenstoff CRH aus. Dieser wiederum aktiviert die Hypophyse, sozusagen das Hormonzentrum im Körper. Von hier aus gelangt das Hormon ACTH ins Blut. Und jetzt beginnt eine Art Kettenreaktion unter den Hormonen:

Das ACTH gelangt über das Blut in die Nebenniere, wo das Hormon Kortisol ausgeschüttet wird. Kortisol mobilisiert die Fett- und Zuckerreserven, senkt die Schmerzempfindlichkeit, unterdrückt das Immunsystem und beschleunigt die Blutgerinnung.

Vasopressin, welches im Hypothalamus produziert wird, reduziert die Ausscheidung von Flüssigkeit, um die Optionen Flucht oder Angriff zu optimieren.

Bei Stress und Gefahr werden unwichtige Körperfunktionen vom Parasympathikus gedrosselt. Dazu gehören die Verdauung, das Wachstum und der Sexualtrieb.

Ist die vermeintliche Gefahr gebannt, leitet der Körper Gegenmaßnahmen ein. Adrenalin und Noradrenalin werden schnellstmöglich wieder abgebaut, damit der Körper zur Ruhe kommen kann. Das Kortisol reguliert sich selbst und veranlasst eine negative Rückkopplung in Richtung CRH und ACTH.

Für die Bewältigung all der körperlichen und seelischen Auswirkungen von Stress und den Abbau der biochemischen Reaktionen des Hormonhaushalts findest du in dem Kapitel »Erste Hilfe bei Ängsten oder Stress« einige wirksame Methoden der Selbsthilfe.

STRESS DURCH WAHRNEHMUNGS- UND BEOBACHTUNGSFEHLER

Nur wenige Menschen sind sich der stresserzeugenden Wirkung von Wahrnehmungs- und Beobachtungsfehlern bewusst. Hierbei handelt es sich um Phänomene, die in der Sozialpsychologie beschrieben werden. Diese wirken entweder bei uns selbst oder bei der Beurteilung anderer Menschen und Situationen negativ. Je mehr hochsensible Menschen diese Wahrnehmungsfehler kennen, umso leichter wird die Kommunikation mit Kollegen, im Team und mit Vorgesetzten fallen. Klassische Karrierefallen können so leichter umgangen werden und Stress reduziert sich.

Welche Wahrnehmungsfehler, die dein Urteilsvermögen im Job trüben könnten, gibt es und wie werden sie vermieden?

Viele Menschen ignorieren die Wahrnehmungsfehler, da diese in der Regel unbemerkt im Unterbewusstsein ablaufen. Bekanntlich ist Einsicht der erste Weg zur Besserung. Dies gilt auch in Bezug auf die Wahrnehmungs- und Beobachtungsfehler, denn kennst du die Fallstricke erst einmal, kannst du auf diese reagieren und Denkfehler vermeiden. Zwar gibt es unzählige Wahrnehmungsfehler, aber es gibt fünf besonders kraftvolle, die uns immer wieder auf dem Weg zum Erfolg im Beruf als Hochsensibler im Weg stehen können.

Der Bestätigungsfehler

Der Bestätigungsfehler entsteht immer dann, wenn vorgefasste Vorurteile oder Meinungen im Raum stehen. Er besagt, dass bestimmte Informationen so gewählt und auch interpretiert werden, dass diese deine eigene Erwartung und Meinung bestätigen. Diese These mag zunächst abstrakt klingen, kann aber anhand eines einfachen Beispiels gut erklärt werden: Bist du beispielsweise der Meinung, dass Gemüse bestmöglich roh verzehrt werden sollte, wirst du in der Regel auch hauptsächlich auf Informationen stoßen, die deine These belegen. Mag dies in Bezug auf deine These zunächst befriedigend wirken, stehst du deinem Potenzial damit dennoch im Weg. Der Bestätigungsfehler sorgt dafür, dass du keine neuen Erfahrungen sammeln und nicht über den Tellerrand hinausblicken wirst. Um diesen Wahrnehmungsfehler umgehen zu können, solltest du zu jedem Zeitpunkt offen für neue Ansichten und Meinungen bleiben. Auch solltest du bereit sein, deine eigene Meinung stets kritisch zu hinterfragen.

Der Ungeduldsfehler

Dieser Wahrnehmungsfehler besagt, dass Menschen meist darauf aus sind, sofort eine direkte Belohnung zu erhalten – im aktuellen Moment. Gleichzeitig geht mit dem Ungeduldsfehler einher, dass die Menschen auf einen größeren Nutzen verzichten, wenn sie für diesen noch eine bestimmte Zeit lang warten müssten. Nutzt dir demnach etwas sofort, nimmst du lieber die spätere Reue in Kauf, anstatt geduldig zu warten und ein besseres Ergebnis zu erhalten. Ein einfaches Beispiel hierzu: Du möchtest einen frischen Haarschnitt, doch dein liebster Friseur hat Urlaub. Anstatt nun die kommende Woche abzuwarten und mit Sicherheit ein gutes Ergebnis zu erhalten, gehst du lieber zu einem Friseur, den du nicht kennst, und erhältst ein weitaus schlechteres Ergebnis, das zu Frust und Unzufriedenheit führt. Im Weg stehen kann dir der Ungeduldsfehler natürlich auch bei weitaus wichtigeren Entscheidungen, wenn es beispielsweise um den Job geht. Gegen den Ungeduldsfehler angehen kannst du, indem du dir lange genug Zeit lässt, um eine Entscheidung zu treffen. Je wichtiger die Entscheidung ist, desto mehr Zeit solltest du dir auch nehmen.

Der Mitläuferfehler

Wie der Name bereits verrät, geht es beim Mitläuferfehler darum, dass sich Menschen gerne der Meinung von großen Gruppen anpassen. Er lässt sich in den unterschiedlichsten Situationen beobachten. Hast du dich schon einmal gefragt, wie Trends entstehen? Oder weshalb die Prognose bei Wahlen häufig mit dem Endergebnis übereinstimmen? Das Problem am Mitläuferfehler ist, dass er nicht selten dazu führt, dass falsche Entscheidungen getroffen werden, hinter der die betreffende Person eigentlich gar nicht steht. Aus diesem Grund solltest du stets reflektieren, ob es sich um deine tatsächliche Meinung handelt oder ob du nur handelst, um der breiten Masse zu folgen oder um bestimmten Menschen zu gefallen.

Der Projektionsfehler

Beim Projektionsfehler werden deine eigenen Ansichten auf andere Menschen projiziert. Das liegt daran, dass wir oftmals der Meinung sind, unsere Einstellungen und Meinungen seien identisch mit den Einstellungen anderer Menschen. Achten wir zu sehr auf unsere eigenen Ansichten, können wir häufig kaum nachvollziehen, dass auch andere Meinungen existieren. Dies kann insbesondere im Job oder in der Beziehung zu vielen Problemen führen. Du solltest nicht einfach nur glauben zu wissen, was dein Partner oder dein Chef denkt, sondern ihn im Zweifelsfall fragen, was er wirklich denkt. Ist die Person deiner Meinung – wunderbar! Ist dies jedoch nicht der Fall, kannst du auf den Standpunkt deines Gegenübers entsprechend reagieren. Kommunikation ist schließlich nicht nur in einer Beziehung, sondern auch im Job das A und O.

Der Kontextfehler

Zuletzt betrachten wir den Kontextfehler. Auch dieser Fehler bezieht sich abermals auf die Tatsache, dass die Rationalität beim Treffen von Entscheidungen gerne vernachlässigt wird. Es geht beim Kontextfehler um das »Wie« einer Entscheidung und deren Kommunikation, also darum, in welchen Kontext eine Entscheidung verpackt wird. Diese Verpackung hat nämlich einen großen Einfluss auf die Reaktion deines Gegenübers. Verspricht dir dein Chef beispielsweise zu 80 bis 90 Prozent eine Gehaltserhöhung, bist du zunächst beruhigt und freust dich vielleicht sogar schon auf diese. Sagt er hingegen, dass du zu 10 bis 20

Prozent keine Gehaltserhöhung bekommen wirst, machst du dir Sorgen und bist enttäuscht – obwohl beide Aussagen die exakt gleiche Information enthalten. Beachte den Kontextfehler immer auch dann, wenn du selbst bei Menschen eine bestimmte Reaktion hervorrufen oder vermeiden möchtest. Ganz gleich, um welche Information es sich handelt: Die Reaktion deines Gegenübers hängt immer auch davon ab, wie du die Information verpackst, also formulierst.

Wenn du dir bewusst bist, dass du – und auch deine Mitmenschen – Wahrnehmungs- und Beobachtungsfehler machen kannst, wird allein durch dieses neue Bewusstsein eine Entspannung in deinem stressbesetzten Arbeitsalltag entstehen. Durch achtsame Beobachtung kannst du lernen, diese Fehler weitgehend zu vermeiden und nicht auf jede Wahrnehmung in deinem Umfeld sofort zu reagieren.

STRESS DURCH PROKRASTINATION

Sie nervt viele hochsensible Menschen selbst, und trotzdem fühlen sie sich ihr irgendwie hilflos ausgeliefert – der Aufschieberitis. Der Fachbegriff dafür lautet Prokrastination. Er stammt aus dem Lateinischen und lässt sich mit »Verschieben« oder »Vertagen« übersetzen.

Du schiebst auf, wenn du etwas nicht erledigst, obwohl du es dir fest vorgenommen hast. Du bist hoch motiviert, endlich deinen Schreibtisch aufzuräumen. Oder du willst dich endlich um das wichtige Projekt kümmern, dessen Deadline sich unerbittlich nähert. Stattdessen schweifst du immer wieder ab. Du lässt dich ständig ablenken und konzentrierst deine Energie und deine Zeit auf Dinge, die längst nicht so wichtig sind. Abends fragst du dich dann, was du den ganzen Tag lang gemacht hast. Kommt dir das bekannt vor?

Eine eher unangenehme Aufgabe hin und wieder mal zu verschieben ist nicht schlimm. Manchmal erledigen sich Aufgaben sogar von selbst. Wird dieses Verhalten chronisch, wird es zu einem Problem. Wissenschaftler unterscheiden zwei Typen des Prokrastinierers:

- Der **Erregungs-Prokrastinierer** genießt den Kick, eine wichtige Aufgabe erst auf den allerletzten Drücker zu erledigen. In der Regel behauptet er, er könne nur unter Hochdruck kreativ sein.
- Der **Vermeidungs-Prokrastinierer** hat Angst zu versagen. Er meidet den Leistungsdruck, der unter der Erledigung der Aufgabe entsteht. Er ist äußerst kreativ darin, Ausreden für sein Nichtstun zu finden.

Viele Aufschieber haben ein grundsätzliches Problem: Es fällt ihnen schwer, Prioritäten zu setzen. Außerdem setzen manche ihren Selbstwert mit Erfolg gleich und sind daher eher auf kurzfristige Erfolgserlebnisse aus. Scheinbar zu große Aufgaben sind ihnen zu weit entfernt, während die Erledigung kleinerer Aufgaben eine schnelle Belohnung verspricht.

Die nachfolgend beschriebenen Typen der Prokrastination sollen dich nicht nur auf vermeintliche Fehler hinweisen. Findest du dich in der Typologie wieder, erhältst du auch gleich eine Art Notlösung, die dir schnell helfen kann.

Der Panikmacher

Anfangs ist er noch völlig entspannt. Ja, da ist noch was zu tun, aber die Deadline ist noch so weit entfernt – alles bestens. Irgendwann wird ihm bewusst, wie viel Zeit er verloren hat – und er gerät in Panik. Unter diesem Aktionismus steht er sich selbst im Weg, findet keine akzeptablen Lösungen und ist zuletzt völlig unzufrieden mit seinem Arbeitsergebnis. Seine Standardausrede: »Ich habe noch Zeit genug.« Die Gründe für seine Aufschieberei: Er schafft es nicht, seine Zeit sinnvoll einzuteilen. Und oft unterschätzt er den zeitlichen Aufwand für die Aufgabe, die zu erledigen ist.

<u>Tipp zur schnellen Hilfe: Prioritäten setzen</u>
Welche Aufgaben sind wirklich wichtig und wie schnell müssen sie erledigt werden? Was hat noch Zeit und was kann an andere delegiert werden? Hilfreich ist hier die Eisenhower-Methode. Wer sich immer selbst antreibt mit Worten wie »Du musst jetzt endlich …«, setzt so erst recht die Vermeidungsstrategie in Gang. Eine leichte Änderung des Wortlauts im Selbstgespräch kann Wunder wirken.

MIT DER EISENHOWER-METHODE PRIORITÄTEN SETZEN

Eine wichtige und weit verbreitete Technik aus dem Zeitmanagement ist das Eisenhower-Prinzip. Diese Technik hat ihren Namen vom früheren US-Präsidenten Dwight D. Eisenhower, dem man nachsagt, er hätte dieses Verfahren selbst angewendet und auch seinen Mitarbeitern gelehrt. Die Grundidee des Eisenhower-Prinzips ist eine gezielte Kategorisierung von Aufgaben. Durch die Einteilung in vier Kategorien soll es einfacher werden zu entscheiden, womit man sich als Nächstes beschäftigt. Die Einteilung erfolgt anhand von zwei Parametern:

- Die **Wichtigkeit** einer Aufgabe: Eine Aufgabe gilt dann als wichtig, wenn sie der Zielerreichung dient. Eine Aufgabe, die dich keinem deiner Ziele näher bringt, gilt als unwichtig.
- Die **Dringlichkeit** einer Aufgabe: Eine Aufgabe ist dringlich, wenn sie an einem bestimmten Termin in der nahen Zukunft ihren Sinn verliert. Wenn es (in der näheren Zukunft) egal ist, wann du die Aufgabe erledigst, ist die Aufgabe nicht dringlich.

Anhand dieser beiden Parameter, die auf einer horizontalen und einer vertikalen Achse eingetragen werden, kann man Aufgaben in vier Quadranten einteilen, mit denen du dann folgendermaßen umgehen kannst:

1. **Wichtig und dringlich:** Diese Aufgaben sind von höchster Wichtigkeit, was die Erreichung deiner Ziele betrifft. Daher musst du sie sofort selbst erledigen. Nur wenn du dich selbst um diese Aufgaben kümmerst, kannst du dir sicher sein, dass sie auch wirklich erledigt werden.

2. **Wichtig, aber nicht dringlich:** Da auch diese Aufgaben für die Zielerreichung wichtig sind, kümmerst du dich selbst darum. Die Erledigung ist allerdings nicht an einen bestimmten Zeitrahmen in der näheren Zukunft gebunden. Es genügt daher, wenn du dir einen genauen Zeitpunkt für die Erledigung dieser Aufgaben setzt.
3. **Dringlich, aber nicht wichtig:** Diese Aufgaben sollten zeitnah erledigt werden, es ist aber normalerweise nicht erforderlich, dass du dich selbst um die Aufgabe kümmerst. Du solltest sie besser delegieren.
4. **Weder wichtig noch dringlich:** Aufgaben, die dich deinen Zielen nicht näher bringen und bei denen es dazu noch egal ist, wann sie erledigt werden, haben die geringste Bedeutung. Oft kann man sie sich selbst überlassen und sie erledigen sich dann von ganz allein.

Der Saubermann

Normalerweise stört ihn das Chaos auf seinem Schreibtisch überhaupt nicht. Das ändert sich abrupt, wenn sich eine wichtige Deadline nähert. Jetzt packt den Aufschieber die Putzwut. Der Schreibtisch muss akkurat aufgeräumt sein, bevor er überhaupt anfangen kann. Seine Standardausrede: »Ich muss erst noch den Schreibtisch aufräumen. Dann fange ich aber wirklich endlich an!« Seine Gründe fürs Aufschieben: Er fühlt sich von der anstehenden Aufgabe überfordert und weiß nicht, wo er anfangen soll.

Tipp zur schnellen Hilfe: Große Aufgaben in kleine zerlegen
»Auch die längste Reise beginnt mit dem ersten Schritt« – so lautet ein chinesisches Sprichwort, und es hilft auch hier. Hat der Saubermann erst einmal angefangen, fällt es ihm leichter, weiterzumachen, und zwar Schritt für Schritt.

Der Multitasker

Auf seinem Schreibtisch stapeln sich lauter angefangene Aufgaben, von denen er keine beendet hat. Der Multitasker beschäftigt sich mit mehreren Projekten gleichzeitig, fängt mit einem an, hat eine Idee zu einem anderen und switcht entsprechend um. Zufriedenstellend ist das nicht. Seine Standardausrede: »Da fällt mir gerade was ein …« Die Gründe für sein Aufschieben: Der Multitasker kann sich schlecht konzentrieren und ist schnell gelangweilt. Kommt er bei einer Aufgabe nicht weiter, wendet er sich der nächsten zu.

Tipps zur schnellen Hilfe:

- **Multitasking streichen**
  Wer mehrere Aufgaben gleichzeitig erledigen will, ist Studien zufolge nicht produktiver. Das Gegenteil ist der Fall, denn kaum ein hochsensibler Mensch kann auf diese Weise konzentriert arbeiten. Multitasking verursacht einfach nur viel und unnötig Stress.
- **Kollegen um Input bitten**
  Steckt die Aufgabe in einer Sackgasse? Kollegen können jetzt mit ihrem Blick »von außen« sehr hilfreich sein und wertvolle Ideen liefern.
- **Konzentration ist das A und O**
  Ein Mitarbeiter im Büro lenkt sich selbst genauso oft ab, wie er unterbrochen wird. Der Multitasker sollte sich zwingen, sich auf die gerade anstehende Aufgabe zu konzentrieren, und sich nicht gedanklich schon mit der nächsten beschäftigen.

Der Listenschreiber

Der Listenmacher notiert bis ins letzte Detail, was erledigt werden muss, bevor er sich an die Arbeit macht. Die Liste sieht zum Schluss sehr schön aus, aber die wichtigen Aufgaben darauf sind nicht erledigt. Seine Standardausrede: »Ich brauche eine To-do-Liste für den besseren Überblick.« Seine Gründe dafür: Es ist ein tolles Gefühl, eine erledigte Aufgabe auf der Liste abhaken zu können. Er ist produktiv und hat etwas geschafft. Oft sind es leider nur die nebensächlichen Dinge, die er abhaken kann.

Tipp zur schnellen Hilfe: Unangenehmes zuerst erledigen
Eine To-do-Liste ist an sich ein wirksames Instrument, um die täglichen Aufgaben zu schaffen. Allerdings sollte sich der Listenschreiber zunächst auf die unangenehmste Aufgabe stürzen. Wer gleich morgens das vermeintlich Schlimmste erledigt hat, kann sich erleichtert um die nächsten Punkte kümmern.

Der Internetjunkie

Fast ununterbrochen ist der Internetjunkie online. Er schaut sich Videos an, guckt, was in den sozialen Netzwerken los ist, und prüft alle paar Minuten seine E-Mails. Auf seine eigentlichen Aufgaben kann er sich gar nicht konzentrieren. Und er merkt auch kaum, wie viele Stunden er vergeudet. Seine Standardausrede: »Ich guck mal schnell, was auf Facebook los ist.« Seine Gründe: Das Internet steckt voller Versuchungen, denen er einfach nicht widerstehen kann. Von lustigen Videos auf YouTube lässt er sich ebenso gern ablenken wie vom akustischen Signal, dass neue E-Mails eingegangen sind.

Tipps zur schnellen Hilfe

- **Offline gehen**
  Ja, so einfach ist das! Für wichtige Aufgaben, die ein hohes Maß an Konzentration erfordern, sollte der Onlinezugang deaktiviert werden.
- **Onlinezeit begrenzen**
  Hier hilft ein Timer. Ertönt das Signal, wird das Surfen sofort beendet.
- **Zeitfenster für E-Mails festlegen**

Anhänger der sogenannten Slow-E-Mail-Bewegung öffnen ihre elektronische Post nur noch zweimal täglich zu festgelegten Zeiten.

Die 20 besten Tipps gegen Prokrastination

Es gibt unterschiedliche Möglichkeiten, das Aufschieben und die damit einhergehenden Probleme in den Griff zu bekommen. Hier findest du die 20 besten Tipps, die für hochsensible Menschen effektive Lösungen gegen die Aufschieberitis anbieten.

1. **Hinterfrage dich!**
   Schreibe dir deine Verhaltensweisen auf. Was machst du nur ungern? Was sind die Gründe dafür? Was kannst du in Zukunft anders machen?
2. **Fang jetzt gleich an!**
   Die »72-Stunden-Regel« sagt aus: Wenn du dir etwas vornimmst, mache innerhalb von 72 Stunden den ersten Schritt. Danach sinkt die Chance, ein Projekt zu starten, auf nur noch 1 Prozent.
3. **Plane ausreichend Zeit ein!**
   Erstelle dir einen realistischen Zeitplan und berücksichtige dabei auch Pausen sowie Puffer für unvorhergesehene Dinge, die dazwischenkommen können.
4. **Mache es konkret!**
   »Morgen um 14 Uhr werde ich eine Stunde lang für Projekt X recherchieren.« Genaue Planung motiviert und hilft dir bei der Umsetzung.

5. **Sei dir über die Konsequenzen im Klaren!**
   Welche Folgen hat es für dich, wenn du die gestellten Aufgaben nicht, nur mittelmäßig oder zu spät erledigst? Im ersten Moment erhöht diese Frage vielleicht den Druck. Langfristig kann die Antwort einen heilsamen Effekt haben.
6. **Setze Prioritäten!**
   Was ist wirklich wichtig und dringend? Was hat Zeit? Entscheide dich nach diesen Kriterien – und dann fange mit der wichtigsten Aufgabe an.
7. **Splitte große Aufgaben in kleine auf!**
   »Das schaffe ich nie!« ist die Aussage, die uns davon abhält, überhaupt loszulegen. Zerlege den Berg in kleine Steine und trage diese einen nach dem anderen ab.
8. **Übertreibe es nicht!**
   Zu viele Punkte auf deiner Liste können dich mutlos machen. Schreibe lieber kurze Listen und dafür mehrere, die du in kürzeren Zeitintervallen abhaken kannst.
9. **Stoppe den Perfektionisten in dir!**
   Perfektionismus hält auf, weil du dich in unwichtigen Details verlierst. Riskiere es, einen Fehler zu machen. Hauptsache, du kommst voran!
10. **Belohne dich!**
    Auch Teilerfolge sind es wert, belohnt zu werden. Belohnungen halten dich bei Laune und motivieren dich, weiterzumachen.
11. **Nutze deine leistungsstarken Phasen!**
    Erledige schwierigere Aufgaben in den Hochphasen, lästigen Kleinkram in den Phasen, in denen du eher durchhängst.

12. **Beiß in den sauren Apfel!**
    Nimm dir die unangenehmste Aufgabe zuerst vor. Der restliche Arbeitstag wird umso leichter.
13. **Führe Routinen ein!**
    Ein geregelter Tagesablauf mit Routinen verringert die Zeitnischen, in denen du der Aufschieberitis frönen kannst.
14. **Vermeide Unterbrechungen!**
    Unterbrechungen kosten dich unglaublich viel Zeit. Lege täglich wenigstens einmal eine »stille Stunde« ein, in der du in Ruhe arbeiten kannst.
15. **Dulde keine Entschuldigungen!**
    Ausreden kennen Aufschieber in rauen Mengen. Frage dich bei jedem vermeintlichen Grund, warum du etwas nicht tun kannst: »Ist das wirklich so?«
16. **Sage öfter Nein!**
    Leidest du unter dem Helfersyndrom und bist für jeden da, der dich um einen Gefallen bittet? Sage freundlich und bestimmt: »Nein!« Das kostet ein bisschen Mut, rentiert sich aber auf Dauer – in jeder Hinsicht!
17. **Mache ausreichend Pausen!**
    Stehe ab und zu auf, strecke dich, gehe kurz an die frische Luft und trinke Wasser. Wer immer nur Vollgas gibt, steht irgendwann mit leerem Tank da.
18. **Fokussiere dich auf deine Stärken!**
    Schwächen zu bekämpfen, kostet viel unnötige Energie. Wer dagegen seine Stärken stärkt, kommt schneller und leichter voran.
19. **Räume deinen Arbeitsplatz auf!**
    Miste dein Büro regelmäßig aus und sorge für einen aufgeräumten Schreibtisch, bevor du in den Feierabend gehst.

20. Gib nicht auf!
Auch wenn du trotz aller Maßnahmen in die Aufschieberitis zurückfällst: Gib nicht auf! Behalte das Ziel im Auge und gehe dennoch liebevoll mir dir um.

STRESS DURCH UNTERFORDERUNG

Feinsinnige, hochsensible Berufstätige sind im modernen Arbeitsleben häufig einer hohen Belastung ausgesetzt. Depressionen oder Burnout haben oft ihre Ursachen in der permanenten Überforderung am Arbeitsplatz. Wenn du davon betroffen bist, wünschst du dir sicher Ruhe und ein entspannteres Arbeiten. Vielleicht kannst du dir gar nicht vorstellen, dass es nicht wenige Menschen, auch Hochsensible, gibt, die sich während ihrer Arbeit langweilen. Sie erleben, dass die Zeit nicht vergeht, dass sie träge werden und irgendwann keine Lust mehr haben, zur Arbeit zu gehen. Die Unterforderung ist mittlerweile so häufig, dass sie mit Boreout eine wissenschaftliche Bezeichnung bekommen hat. Sie kann gesundheitliche Folgen haben und zu einer hohen mentalen Stressbelastung führen. Bist du von einer Unterforderung betroffen, solltest du etwas verändern. Auf Dauer wird sich die fehlende Belastung auf weitere Lebensbereiche auswirken. Die Folgen sind einer Überforderung oftmals ähnlich, und aus diesem Grund ist es sehr wichtig, dass du etwas änderst, bevor deine Gesundheit einen größeren Schaden nimmt.

Während sich die Symptome einer Überforderung sehr schnell auf die Ursachen zurückführen lassen, bleibt eine Unterforderung oftmals über eine längere Zeit unerkannt. Die Betroffenen verspüren eine sehr große Unzufriedenheit. Diese kann sich auch auf das Privatleben auswirken. Es gibt Symptome, die jedoch so allgemein sind, dass sie nicht zweifelsfrei zugeordnet werden können. Dazu gehören eine ständige Müdigkeit, Antriebslosigkeit und das Gefühl, überhaupt nicht leistungsfähig zu sein. Der tägliche Gang zur Arbeit wird immer mehr zu einer Belastung. Die Zeit möchte einfach nicht vergehen. Dies gilt nicht nur für Betroffene, die Vollzeit beschäftigt sind. Alle Symptome einer Unterforderung können sich auch dann zeigen, wenn du eine Teilzeitstelle hast. Bis die Erkenntnis verinnerlicht ist, dass es sich tatsächlich um eine Unterforderung handelt, dauert es oftmals Jahre.

Müdigkeit und Antriebslosigkeit können Symptome verschiedener Erkrankungen sein. Wenn andere Krankheiten durch deinen Arzt ausgeschlossen wurden, kann die Arbeit für deinen Zustand verantwortlich sein. Dies gilt vor allem dann, wenn es dir in deiner Freizeit gut geht und du an freien Tagen, an den Wochenenden oder im Urlaub keinerlei Probleme hast. Sollte es dir an Tagen, an denen du nicht arbeiten musst, besonders gut gehen, ist dies ein Warnzeichen, dass mit deiner Berufstätigkeit etwas nicht stimmen könnte. Wenn eine Überforderung ausgeschlossen ist, weil du die an dich gestellten Aufgaben ohne Mühe und in kürzerer Zeit erledigen kannst, liegt es nahe, dass du an einer Unterforderung leidest. Es gibt Anzeichen, die darauf hinweisen, dass du in deinem Beruf etwas ändern solltest. Nimm diese Anzeichen ernst, denn eine wirkliche gesundheitliche Beeinträchtigung ist bei einer dauerhaften Unterforderung ein großes Risiko. Je schneller du etwas änderst, desto besser wirst du dich fühlen. Oftmals ist es nur ein kleiner Schritt, der dich innerhalb kurzer Zeit aus deiner Krise führen wird.

Unterforderung vs. Überforderung

Es ist schwierig, eine Unterforderung als Ursache für gesundheitliche Probleme auszumachen, denn die Problematik hängt eng mit der Persönlichkeit zusammen. Bei einer Überforderung ist es sehr einfach, die Ursachen zu erkennen. Die Betroffenen stehen unter Stress. Sie schauen auf einen Berg an Arbeit, hetzen von einem Termin zum nächsten und schaffen ihr Pensum trotzdem nicht. Für eine Pause ist keine Zeit, und Überstunden sind keine/nicht die Ausnahme, sondern die Regel. Auch Menschen, die gern und viel arbeiten, merken irgendwann, dass es so nicht weitergehen kann. Irgendwann kommt jeder, der ständig mit Aufgaben überlastet ist, an seine Grenzen. Dies gestaltet sich bei der Unterforderung anders, denn es gibt Menschen, die damit sehr gut leben können.

Bei einer Unterforderung spielt die Persönlichkeit eine sehr viel größere Rolle, denn es gibt Menschen, denen Langeweile und eintönige stupide Aufgaben nicht viel ausmachen. Hochsensible Menschen, die meist sehr gewissenhaft und sinn- und werteorientiert arbeiten, können mit langweiligen Routineaufgaben völlig unterfordert sein. Daran ändert auch eine gute Bezahlung nichts. Es gibt jedoch Beschäftigte, die über Jahre oder gar Jahrzehnte im Berufsleben unterfordert sind und keine Probleme haben. Sie mögen es, wenn der Arbeitstag ruhig verläuft, wenn sie nicht viel zu tun haben und wenn der Anspruch an die eigene Arbeit gering ist. Es gibt auch hochsensible Menschen, die sich ganz bewusst für einen Job entscheiden, der eintönig ist, reizarm zu bewältigen ist und bei dem sie wenig Energie verbrauchen. So haben sie die Möglichkeit, ihre Energie in andere Dinge zu stecken, etwa in ein intensives Hobby oder in sportliche Betätigung in der Freizeit. Das Verständnis der Umwelt für Menschen, die unterfordert sind und gern etwas ändern möchten, ist oftmals gering, und viele trauen sich nicht, etwas gegen die Langeweile zu unternehmen.

Anzeichen für Unterforderung

Unterforderung ist ein schleichender Prozess, der mit zunehmender Routine immer gravierender wird. Es beginnt damit, dass du nicht mehr mit Freude und Enthusiasmus zur Arbeit gehst. Du weißt gar nicht so genau, warum das so ist, denn eigentlich fühlst du dich an deinem Arbeitsplatz wohl und bist bei den Kollegen beliebt. Die Aufgaben gehen dir leicht von der Hand und du wirst von deinem Chef immer wieder für deine gute Arbeit gelobt. Trotzdem geht es dir nicht gut. Du schaust immer wieder zur Uhr, und deine Aufgaben geben dir keine Erfüllung, sondern sie nerven dich.

Ein besonderes Problem können Aufgaben sein, die sich tagtäglich wiederholen. Fehlende Abwechslung kann sehr schnell zu einer Unterforderung führen. Dies gilt vor allem dann, wenn du, wie viele Hochsensible, besonders hohe Ansprüche an dich selbst hast oder wenn du immer wieder neue Herausforderungen suchst, die du in deinem Beruf jedoch nicht bekommst. Es kann gar nicht oft genug wiederholt werden: Stupide Arbeit, die sich täglich wiederholt und den Geist nicht anregt, kann die Gesundheit ebenso beeinträchtigen wie ständiger Stress. Du fühlst dich irgendwann müde, dir fehlt die Lust, du kommst morgens gar nicht aus dem Bett. Kopfschmerzen, Schwindel, Schlaflosigkeit oder Magenprobleme können die Folge sein, ohne dass der

Arzt irgendetwas findet. Wenn du dich in diesen Problemen wiederfindest, liegt eine Unterforderung im Job nahe. Du solltest handeln, dann wird es dir schnell wieder besser gehen.

So kannst du handeln

Zunächst solltest du ehrlich zu dir selbst sein. Ist wirklich der Job das Problem, oder hast du einfach nur zu hohe Ansprüche an dich selbst? Es darf in deinem Leben Tage geben, an denen du nicht so viel zu tun hast. Lass es zu und freue dich, dass du nach dem Arbeitstag noch Energie für andere Dinge hast. Wenn du zu den Menschen gehörst, die nie zur Ruhe kommen, immer etwas tun müssen und glauben, nur wenig zu leisten, wird ein Jobwechsel nichts bringen. Du wirst immer wieder aufs Neue mit dir unzufrieden sein. Vielleicht setzt du dich selbst einem Leistungsdruck aus, der gar nicht notwendig ist und die Ursachen irgendwo anders in deinem Leben hat? Suche die Antworten auf diese Frage, und zwar offen und ehrlich. Du wirst sehen, dass sich dann vieles ändert.

Wenn du deine Arbeit eindeutig als Grund für deine Probleme ausgemacht hast, ist der Weg zum Chef eine Möglichkeit, etwas zu ändern. Lass dir einen Termin für ein ruhiges Gespräch unter vier Augen und geben und schildere ihm, dass du dich in deinem Arbeitsgebiet nicht mehr wohl fühlst und gern neue Aufgaben übernehmen würdest. In vielen Unternehmen ist es möglich, den Arbeitsbereich zu wechseln und so wieder mehr Abwechslung in den beruflichen Alltag zu bringen. Eventuell kannst du einen Lehrgang oder eine Weiterbildung absolvieren, um andere Aufgaben zu bekommen und deinen beruflichen Horizont zu erweitern. Ein Wechsel der Abteilung oder ein Tausch der Arbeitsaufgaben mit einem Kollegen, der auch gern einmal etwas Neues ausprobieren möchte, sind weitere Optionen. Wenn ein solches Gespräch kein Ergebnis bringt, mit dem du zufrieden bist, und wenn du glaubst, nicht länger in deinem Umfeld arbeiten zu können, ist ein Jobwechsel die letzte Möglichkeit, um der Unterforderung zu entkommen.

Ein neuer Job ist eine Veränderung, die sich sehr positiv auswirken kann, wenn du von einer Unterforderung in deinem derzeitigen Arbeitsbereich betroffen bist. Wenn es möglich ist, solltest du dir Zeit lassen und dich über verschiedene Bereiche informieren, in denen du aufgrund deiner Qualifikation und deiner Berufserfahrung arbeiten kannst. Versende mehrere Bewerbungen und informiere dich über das Unternehmen und die Arbeitsbedingungen. Im Vorstellungsgespräch solltest du ansprechen, dass du neue Herausforderungen suchst. Ein Probearbeitstag gibt dir die Gewissheit, dass du eine richtige Entscheidung treffen wirst. Ist der Jobwechsel vollzogen und verspürst du Zufriedenheit an deinem neuen Arbeitsplatz, werden die Symptome der Unterforderung sehr schnell verschwinden.

STRESS DURCH DRANG ZUM PERFEKTIONISMUS

Findest du, du bist faul und wenig kritikfähig? Nimmst du alles persönlich und meinst, du kannst in keinem Team arbeiten? Wenn dazu auch Selbstausbeutung kein Fremdwort für dich ist, könnte es sein, dass du ein typischer Perfektionist bist, zu denen sich viele Hochsensible zählen. Auch ich habe viele Jahre lang unter meinem Perfektionismus gelitten, weil er mir entsetzlich viel Stress verursacht hat. Ich habe ihn mir selbst gemacht. Als ich das erkannt hatte, wurde es langsam besser. Eines steht auf jeden Fall fest: Zu viel Perfektionismus im Job ist nicht zielführend, macht dich unglücklich und andere auch.

Was genau versteht die Welt eigentlich unter Perfektionismus? In der Welt der Personalverantwortlichen oder übertrieben anspruchsvoller Eltern scheint Perfektionismus ein Sammelbegriff für tolle Eigenschaften zu sein. Etwa engagierte und absolut leistungswillige, jederzeit auch leistungsstarke und vor allem sehr verlässliche Menschen. Doch ist das wirklich so? Das scheinen die Normen zu sein, nach denen Perfektionisten zu streben scheinen. Jedoch kann es sein, dass andere unbewusste Motive dahinterstehen. Viele Perfektionisten möchten sich etwas beweisen, und vor allem Hochsensible möchten meist etwas Negatives dadurch abwenden. Einfach nur der pure Wille, ein Ziel zu erreichen, ist in den seltensten Fällen der Grund für den hohen, Stress auslösenden Anspruch an sich selbst.

Ist dir schon aufgefallen, dass es oft die etwas chaotischen Typen sind, die so liebenswert erscheinen? Dass es meistens die kreativen Leute sind, die tolle Sachen erfinden, und dass es vor allem die improvisierenden Führungskräfte sind, die zu findigen Unternehmern aufsteigen? Diese Menschen sind selten Perfektionisten. Perfektionisten findest du oft in Berufen wie Controlling oder im Ingenieurwesen. Und das ist gut! Es gibt einfach Berufe, in denen es absolut keine Fehler geben darf! Für die meisten anderen Jobs ist Perfektionismus doch eher hinderlich, vor allem, wenn er ausschließlich den Arbeitsrhythmus regiert.

Wusstest du, dass es zwei Arten von Perfektionisten gibt? Sie unterscheiden sich in ihrer Motivation.

Der intrinsische Perfektionismus

Perfektionisten sind unterschiedlich motiviert. Es kann sein, dass die Motivation intrinsisch ist. Diese ist die innere, im Menschen selbst entstehende Motivation. Vielleicht kennst du sie ja? Sie führt dazu, dass du bestimmte Tätigkeiten einfach gerne machst, sie machen dir Freude, du empfindest sie als sinnvoll und interessant. Bei der intrinsischen Motivation ist entscheidend, dass es keinen anderen Grund als die eigenen Ansprüche gibt für diese selbst initiierte Motivation.

Sobald die eigenen inneren Ansprüche durch externe Einflussnahme beeinflusst wurden, ist die Existenz von echter intrinsischer Motivation schon wieder fraglich. Natürlich sind wir alle nicht frei von Einflüssen von außen, einmal durch unsere Gene und natürlich auch als Ergebnis unserer Umwelt und Erziehung. Aber sagen wir es so: Wenn du für dich selbst alles perfekt machen willst, ist das eine nach innen gerichtete und in dir entstehende Perfektion, die ich den intrinsischen Perfektionismus nenne. Diese Form von Perfektion gilt erst einmal als gut. Denn du hast dann eine hohe Erwartungshaltung an dich selbst. Das ermöglicht es dir, sehr hochgesteckte Ziele zu erreichen. Du willst stets wachsen und nicht stehen bleiben und bist immer daran interessiert, dich weiterzuentwickeln. Du hast quasi ein Bild von dir im Kopf, das du versuchst zu erfüllen.

Was erst einmal so positiv klingt, kann sich allerdings schnell als Falle herausstellen und massiven Stress erzeugen. Während du damit beschäftigt bist, dich immer weiter zu optimieren, erlernt dein Gehirn eine ganz fatale Gleichung:

Erfolg = Selbstwert
Leistung =Selbstwert

Ein anderes Problem ist der Ausschluss deiner Umwelt. Es kommt immer wieder vor, dass dieser Typ Perfektionist narzisstische Tendenzen zeigt, auch bei hochsensiblen Menschen. Er ist dann stark mit sich beschäftigt, fast schon fixiert, und kann sich nur akzeptieren, wenn seine Selbstoptimierung gelingt. Sich wirklich mögen kann er nicht. Selbstliebe und Selbstfürsorge sind für diesen Perfektionisten Fremdwörter.

Der extrinsische Perfektionismus

Die andere Art Perfektionismus ist durch externe Faktoren motiviert, daher nenne ich ihn den extrinsischen Perfektionismus. Hierbei wird fleißig nach Beifall gesucht und oft betrieben, was als »fishing for compliments« bezeichnet wird: Es geht um Anerkennung und Lob von anderen. Eng damit verbunden ist eine weitere – eher negativ konnotierte – Eigenschaft: die Kontrollsucht. Die Menschen mit extrinsischem Perfektionismus sind manchmal auch so perfektionistisch, weil sie anderen keine Angriffsfläche bieten wollen. Sie möchten sich vor einer Blamage schützen, vor jeder Art von Kritik und Ärger mit Kollegen und Vorgesetzten. In Familien mit Kindern von schlagenden Eltern kommt diese Form oft vor. Perfektionismus wird zu einem Schutzschild.

Das große Problem bei diesem zu Recht als negativem Perfektionismus bezeichneten Typen ist, dass es eine Endlosschleife aus nach etwas streben, sich stressen und dann doch scheitern gibt. Im Grunde stecken also beide Typen in einer – wenn auch anderes motivierten – Perfektionismusfalle, die massiven Stress erzeugt.

Der positive Perfektionismus: Gewissenhaftigkeit

Perfektionismus kann aber auch absolut positiv sein. Dann erzeugt er keinen Stress. Dieser gesunde Perfektionismus wird Gewissenhaftigkeit genannt. Sehr gewissenhafte Menschen haben erfüllte hohe persönliche Ansprüche, sind prima selbstorganisiert, verfügen über eine gesunde Fehlertoleranz und hegen nur angemessene leistungsbezogene Zweifel.

Der Perfektionismus, der wirklich belastenden Stress erzeugt, entsteht durch ein Missverhältnis zwischen »Soll«, »Ist« und »Muss«. »Soll« steht für das ideale Ergebnis. Das »Ist« ist die persönliche Realität. Das »Muss« entsteht dann, wenn das »Soll« mit Ängsten besetzt ist.

Eine natürliche Diskrepanz zwischen »Soll« und »Ist« ist für den psychisch gesunden Menschen leicht zu ertragen und motiviert ihn dazu, sich weiterzuentwickeln. Ein Perfektionist, der an ungesundem Perfektionismus leidet, erträgt diese Spannung nicht, weil für ihn das (nie vollständig realisierbare) »Soll« ein permanenter Vorwurf ist, noch nicht perfekt zu sein. Es geht dem Perfektionisten nicht um die Perfektion an sich, sondern um die damit verbundene bombensichere Unantastbarkeit.

Achtung: Perfektionismus als Maske

Es gibt Menschen, die immer wahnsinnig beschäftigt aussehen. Sie scheinen (!) alle ihre Aufgaben mit unglaublicher Präzision und Gewissenhaftigkeit auszuüben. Doch nicht selten ist hier der Perfektionismus nur vorgetäuscht. Teilweise drücken sich diese Leute vor größeren Aufgaben oder vor wichtigeren Punkten auf ihrer To-do-Liste.

Einige unter ihnen sind sogar faul und manche gar planlos. Du kennst doch sicherlich diese Kollegen, die immer eine Sache machen und dafür ewig brauchen. Dafür bleibt ein und dieselbe Aufgabe grundsätzlich übrig und die soll jemand anders machen. Nicht selten sagen sie Sätze wie: »Ich würde das ja machen, aber ich will noch eben dieses hier vernünftig erledigen, und das braucht eben seine Zeit, bis es perfekt ist.« Diese Erkenntnis bedeutet nicht, dass die Menschen bewusst ihre Fehler maskieren. Vielmehr ist auch das oftmals ein antrainiertes Verhalten, mit dem Unangenehmes vermieden werden soll.

Warum Perfektionismus kontraproduktiv ist

Perfektionismus ist alles andere als produktiv, die Gründe sind vielseitig:

- Wenn du versuchst, etwas perfekt zu machen, gibst du Fehlern keine Chance. Durch Fehler lernst du jedoch besonders gut und nachhaltig. Wer keine Fehler macht, lernt langsamer oder gar nicht.

- Du beraubst dich jeder Gelegenheit, kreativ zu sein. Kreativität kann nur entstehen, wenn du den sicheren Pfad oder den vorgefassten Plan verlässt.
- Improvisation bleibt für dich ein Fremdwort. Das kann dazu führen, dass eine Sache oft 20 Jahre falsch oder übermäßig kompliziert erledigt wird.
- Durch Perfektionismus versuchen Leute, es Menschen recht zu machen, die sie vielleicht noch nicht einmal kennen. Du lebst am Ende ein fremdgesteuertes Leben. Du bist nicht mehr der Regisseur deines eigenen Lebens, auch wenn es den Anschein macht.
- Nicht zuletzt bleiben echte Lebensfreude, Neugierde und die Lust zu experimentieren auf der Strecke. Das ist schade, weil dich diese Dinge schneller zum Ziel bringen können als sturer Perfektionismus.

Tipps zum Überwinden des Perfektionismus

Als Perfektionist tust du dich womöglich schwer damit, etwas an deiner Vorgehensweise im privaten und beruflichen Alltag zu verändern. Versuche es daher mit kleinen Schritten.

Plane in Maßen und leg los

Es gibt jede Menge verschiedene Planungstools: Arbeitsbücher, Checklisten, Onlineprogramme, Apps. Wunderbar für Perfektionisten. Sicherlich können sie besonders chaotischen Menschen helfen. Diejenigen, die die Kunst des Planens jedoch wirklich beherrschen, sind die Perfektionisten. Leider beherrschen sie es nicht nur gut, sondern es bereitet ihnen auch unsagbare Freude. To-do-Listen abhaken und neue erstellen – minutiös, wenn ich bitten darf – ist Balsam für die Perfektionisten-Seele! Ein Task abzuhaken, ist der ersehnte innere Schulterklopfer! Wunderbar. Nur entsteht dadurch ein neues stressiges Problem: Planen kostet Zeit. Und während sinnvolles Planen am Ende Zeit spart, vergeudet nicht aufhörendes, detailverliebtes Planen kostbare Zeit. Das Ergebnis kann auch sein: Du fängst NIE an!

Darum ist es besser, wenn Perfektionisten sich vornehmen, direkt anzufangen. Mache dir dein Ziel klar und fange einfach mal an. Das klingt für dich nach einer Horrorvorstellung, oder? Kochen ohne Rezept oder Möbel aufbauen ohne Anleitung? Mein Tipp: Fange im Kleinen an. Das nächste Mal, wenn du zum Joggen losgehst, überlegst du dir weder die Strecke vorab noch, wann du wie lange deine Sprintintervalle einschiebst. Mache es nach Gefühl und du wirst sehen, das macht Spaß, und du wirst am Ende vielleicht viel weiter gelaufen sein als sonst. Falls nicht, kannst du immer noch an deinem Vorgehen feilen. Übertrage deine neuen Erkenntnisse in andere Lebensbereiche. Deine Mitmenschen werden den Wandel zu schätzen wissen.

Probier es mal mit Wabi-Sabi und Kintsugi

Diese beiden Begriffe stammen aus dem Japanischen. Sie sind eine Ausdrucksweise, um die Perfektion im Unvollkommenen zu beschreiben. Kintsugi beschreibt die hohe Kunst, in kaputten, zerbrochenen und zerstörten Sachen das Schöne zu sehen. Übrigens bezieht sich das nicht nur auf Materielles. Wenn die

Dinge wieder repariert werden oder gar anders zusammengesetzt werden, kreieren genau diese Stadien des Gegenstandes seine Geschichte. Das macht ihn lebendig und zu etwas sehr Schönem. Wusstest du, dass die Japaner deshalb ihr zersprungenes Porzellan mit Lackkleber und Goldstaub reparieren? Wer genauer in die japanische Philosophie des Kintsugi schaut, wird erkennen, dass es sich um eine Art handelt, zu leben und das Leben zu betrachten.

Das große Konzept hinter dieser Philosophie heißt Wabi-Sabi. Nicht vollkommene Dinge und Menschen verstecken sich nicht, sie werden auch nicht maskiert. Ihr Makel wird als einzigartig und wertvoll gefeiert. Gleichzeitig ist ein Makel aber auch so normal, dass es nicht notwendig ist, darüber zu sprechen.

Für Perfektionisten kann es eine außerordentliche Chance auf neue Erkenntnisse und Denkansätze sein, sich mit dem japanischen Konzept Wabi-Sabi zu beschäftigen.

Finde die goldene Mitte

Zu viel Perfektionismus ist also nicht gut. Doch was ist mit dem Gegenteil? Was ist, wenn Menschen überhaupt nicht perfekt arbeiten können/wollen? Das ist kein minder großes Problem. Auch sie haben ständig das Gefühl zu versagen. Sie scheinen einen ebenso geringen Selbstwert zu haben, weil sie fehlende Erfolge mit ihm gleichsetzen.

Gesund hingegen ist eine gelungene Mischung aus dem Bestreben, stets das beste Ergebnis abliefern zu wollen, aber eben auch mal nicht alles auf die Goldwaage zu legen. Wenn dazu noch das passende Gespür kommt, wann Perfektionismus angesagt ist und wann er zugunsten anderer Qualitäten in den Hintergrund treten kann, dann ist der goldene Mittelweg gelungen. Hinterfrage dein Tun und überlege, an welcher Stelle du »fünf gerade sein lassen« kannst. Menschen mit gelöster, als positiver Gabe gelebter Hochsensibilität werden diesen Mittelweg leicht finden.

Stell dir vor, nicht perfekt sein zu müssen

Das folgende mentale Coaching kannst du nutzen, um dein eigenes Verhältnis zur Perfektion und deinen hohen Anspruch an dich selbst zu verändern. Male dir die folgenden beispielhaften Bilder in allen Details aus (als Übung) und passe sie dann für dich so an, dass sie deiner Realität entsprechen. Wir beginnen mit einem ganz normalen Arbeitstag. Du verzichtest morgens darauf, deine Bluse zu bügeln und ziehst stattdessen einen Blazer zu einem Poloshirt an. Auf diese Weise hast du ein wenig mehr Zeit fürs Frühstück gehabt und konntest deinen Podcast zur Teamentwicklung zu Ende hören. Dadurch hast du eine neue Methode für Teamarbeit kennengelernt. Auf dem Weg zur Arbeit begegnest du deinem Vorgesetzten schon auf dem Parkplatz. Er spricht dich an, weil du heute einmal etwas ganz anderes anhast, und macht dir ein Kompliment. Du freust dich und berichtest ihm von deiner neuen Erkenntnis aus dem Podcast und fragst, ob du das Teammeeting heute gleich unter dieser Methode leiten darfst. Er nickt anerkennend und lässt dir freie Bahn. Jetzt hast du nicht besonders viel Zeit für die Planung und du lässt der Improvisation viel Raum. Am Feierabend willigst du ein, mit auf einen Feierabenddrink zu gehen, statt Überstunden zu machen. Beim Drink lernst du dein Team auch persönlich kennen und kannst deshalb im nächsten Meeting noch besser auf sie eingehen. Alle sind zufrieden, dein Vorgesetzter lobt dich und fragt, ob du noch mehr Änderungsvorschläge hast. Du wunderst dich über die Anerkennung, schließlich hattest du ja nach deinen eigenen Ansprüchen noch keinen Erfolg: Die Methode hast du nicht perfekt beherrscht, du hattest wenig Zeit für Planung und musstest improvisieren.

Aber abends im Bett dämmert dir, dass die Japaner da etwas Großes erdacht haben: Auch nicht perfekte Dinge können schön sein. Es fühlt sich auf jeden Fall gut an, dass du ohne Leistung in deinem Sinne Anerkennung erhalten hast.

Die wichtigsten Tipps für Perfektionisten

- Lege nicht alles auf die Goldwaage.
- Lockere deine Anforderungen: Auch fünf kann eine gerade Zahl sein.
- Akzeptiere dich.
- Erkenne: Optimieren steht nicht über Entfalten.
- Gehe davon aus, Fehler zu machen – nimm dir die Freiheit.
- Lerne, andere um Hilfe zu bitten.
- Kein dauerndes Planen mehr – verbiete es dir.

Du bist nicht faul und auch nicht teamunfähig oder alle anderen negativen Dinge, die du von dir denkst. Du bist gefangen in deinem oder einem fremden Idealbild. Höre auf damit. Schon allein, weil Studien zeigen, dass Menschen, die stark motiviert sind und Perfektionisten sind, besonders oft an Burnout leiden. Darunter sind es übrigens vor allem die, deren Motivation nach innen gerichtet ist. Ist das nicht erschreckend? Perfektionismus macht krank. Darum: Suche den goldenen Mittelweg!

STRESS DURCH STÄNDIGE BESORGNIS

Jeder macht sich Sorgen. Besorgnis kann sogar hilfreich sein, wenn sie dich anregt, passende Maßnahmen zu ergreifen und ein Problem zu lösen. Menschen mit Hochsensibilität neigen aber mehr dazu, sich Sorgen zu machen, als normalsensible Personen. Kennst du »Was wäre, wenn …?«-Gedanken und Worst-Case-Szenarien? Wenn solche oder ähnliche Überlegungen dich viel beschäftigen, werden Sorgen zu einem Stress auslösenden Problem. Unermüdliche ängstliche Gedanken und Ängste können lähmend sein. Sie können deine emotionale Kraft schwächen, deinen körperlichen Stresspegel in die Höhe treiben und so dein tägliches Leben beeinträchtigen. Aber chronische Sorgen sind eine geistige Gewohnheit, die man überwinden kann. Du kannst dein Gehirn trainieren, um ruhig zu bleiben und das Leben aus einer geerdeten Perspektive zu betrachten.

Wie viel Besorgnis ist zu viel?

Sorgen, Zweifel und Ängste sind ein normaler Teil des Lebens. Es ist natürlich, sich um eine unbezahlte Rechnung, ein bevorstehendes Vorstellungsgespräch oder ein erstes Date zu sorgen. »Normale« Sorgen wirken allerdings Stress auslösend, wenn sie hartnäckig und unkontrollierbar werden. Du machst dir dann jeden Tag Sorgen um viele verschiedene Dinge, du kannst diese Gedanken einfach nicht aus dem Kopf bekommen, und sie stören dein tägliches Leben.

Ständige Sorgen, negatives Denken und immer das Schlimmste erwarten – das kann einen Tribut an deine emotionale und körperliche Gesundheit fordern. Es kann dich unruhig und nervös machen, Schlaflosigkeit, Kopfschmerzen, Magenprobleme und Muskelverspannungen verursachen und es schwierig machen, dich auf deine Arbeit zu konzentrieren.

Gründe für übermäßige Sorgen

Wenn du unter ständigen Sorgen leidest, stehen die Chancen gut, dass du die Welt auf eine Weise betrachtest, die sie bedrohlicher erscheinen lässt, als sie es wirklich ist. Zum Beispiel kannst du die Möglichkeit überschätzen, dass sich die Dinge schlecht entwickeln, oder jeden ängstlichen Gedanken so behandeln, als ob er wahr wäre. Du kannst auch deine eigene Fähigkeit, mit den Problemen des Lebens umzugehen, diskreditieren, vorausgesetzt, du wirst beim ersten Anzeichen von Schwierigkeiten bereits verunsichert. Diese irrationalen, pessimistischen Einstellungen werden als kognitive Verzerrungen bezeichnet.

Beispiele für kognitive Verzerrungen, die zu Angst, Sorge und Stress beitragen:

- Du verlierst dich in Alles-oder-nichts-Denken, betrachtest Dinge in Schwarz-Weiß-Kategorien, ohne Mittelweg. → »Wenn nicht alles perfekt ist, bin ich ein Versager.«
- Du generalisierst aus einer einzigen negativen Erfahrung, in der Erwartung, dass sie für immer wahr bleibt. → »Ich habe den Job nicht bekommen. Ich werde nie einen Job finden.«

- Du fokussierst dich auf das Negative und filterst das Positive heraus, das heißt, du bemerkst die eine Sache, die schiefgelaufen ist, und nicht all die Dinge, die richtig gelaufen sind. → »Ich habe die letzte Frage zum Test falsch verstanden. Ich bin ein Idiot.«
- Du suchst Gründe, warum positive Ereignisse nicht zählen. → »Ich habe die Präsentation gut gemacht, aber das war nur Zufall.«
- Du interpretierst Vorkommnisse auf negative Art ohne tatsächliche Beweise; du benimmst dich wie ein Gedankenleser. → »Ich weiß, dass sie mich heimlich hasst.« Oder: »Ich weiß nur, dass etwas Schreckliches passieren wird.«
- Du erwartest stets das Worst-Case-Szenario. → »Der Pilot sagte, dass es einige Turbulenzen geben wird. Das Flugzeug wird abstürzen!«
- Du glaubst, dass die Art und Weise, wie du dich fühlst, die Realität widerspiegelt. → »Ich fühle mich wie ein Narr. Alle müssen über mich lachen.«
- Du hältst dich an eine strenge Liste von dem, was du tun solltest und was du nicht tun solltest, und verurteilst dich selbst, wenn du eine der Regeln brichst. → »Ich hätte nie versuchen sollen, ein Gespräch mit ihr zu beginnen. Ich bin so ein Idiot.«
- Du kennzeichnest dich selbst auf der Grundlage von Fehlern und wahrgenommenen Mängeln. → »Ich bin ein Versager, ich bin langweilig, ich verdiene es, allein zu sein.«
- Du übernimmst Verantwortung für Dinge, die außerhalb deiner Kontrolle liegen. → »Es ist meine Schuld, dass mein Sohn einen Unfall hatte. Ich hätte ihn warnen sollen, vorsichtig im Regen zu fahren.«

Tipps, um die Sorgen hinter sich zu lassen

Obwohl kognitive Verzerrungen nicht auf der Realität basieren, sind sie schwer aufzugeben, weil sie oft Teil eines lebenslangen Denkmusters sind, das so automatisch geworden ist, dass man es nicht einmal vollständig wahrnimmt. Du denkst vielleicht, dass die Sorge dir letztendlich helfen wird, eine Lösung für ein Problem zu finden oder zu verhindern, dass du von etwas überrascht wirst, was in der Zukunft passiert. Du denkst vielleicht, dass die Sorge dich in irgendeiner Weise schützt, oder setzt sie sogar mit Verantwortung oder Fürsorge gleich. Um jedoch Sorgen und Ängste für das Gute zu stoppen, musst du den Glauben aufgeben, dass deine Sorge einem positiven Zweck dient. Sobald du erkennst, dass die Sorge das Problem ist, nicht die Lösung, kannst du ängstliche Gedanken ausschalten und die Kontrolle über deinen besorgten Geist wiedererlangen. Als feinfühliger Mensch gerätst du leichter aus dem Sorgenstrudel heraus, wenn du dich auf deine anderen Qualitäten besinnst: Deine Intuition, deine Wahrnehmungskraft, deine Hochbegabung der Sinne.

Du kannst dir nicht einfach sagen, dass du aufhören sollst, dir Sorgen zu machen. Das funktioniert nicht – zumindest nicht lange. Du kannst dich für einen Moment ablenken, aber du kannst nicht für immer ängstliche Gedanken verbannen. Tatsächlich macht der Versuch, dies zu tun, sie oft stärker und hartnäckiger. Du kannst das selbst ausprobieren. Schließe die Augen und stelle dir einen rosa Elefanten vor. Sobald du ihn in deinem Kopf sehen kannst, hör auf, darüber nachzudenken. Was auch immer du tust, denk in den nächsten 60 Sekunden nicht an rosa Elefanten! Wie hast du dich gemacht? Sind dir Gedanken über rosa Elefanten in den Kopf gekommen? »Gedanken stoppen« geht nach hinten los, weil es dich zwingt, besonders auf den Gedanken zu achten, den du vermeiden willst. Man muss immer darauf achten, und genau diese Betonung lässt es umso wichtiger erscheinen. Anstatt zu versuchen, dich einfach abzulenken, gibt es Schritte, die du unternehmen kannst, um dein Gehirn zu trainieren und zu verändern, wie du die Welt betrachtest.

Drück die Pausentaste bei ängstlichen Gedanken

Wenn du dir übermäßig Sorgen machst, kann es so aussehen, als würden dir bei endloser Wiederholung negative Gedanken durch den Kopf laufen. Du kannst dich fühlen, als würdest du außer Kontrolle geraten, verrückt werden oder unter dem Gewicht all dieser Angst ausbrennen. Aber es gibt Schritte, die du unternehmen kannst, um den Pausenknopf für ängstliche Gedanken zu drücken und dir eine Auszeit von den Sorgen zu gönnen:

- **Steh auf und beweg dich.** Bewegung ist eine natürliche und effektive Anti-Angstbehandlung, da sie Endorphine freisetzt, die Spannungen und Stress abbauen sowie die Energie und das Wohlbefinden steigern. Noch wichtiger ist, dass du den ständigen Fluss der Sorgen, die durch deinen Kopf laufen, unterbrechen kannst, indem du dich wirklich darauf konzentrierst, wie sich dein Körper während der Bewegung anfühlt. Achte auf das Gefühl, dass deine Füße beim Gehen, Laufen oder Tanzen den Boden berühren, auf den Rhythmus deiner Atmung, das Gefühl der Sonne oder des Windes auf deiner Haut.
- **Nimm an einem Yoga- oder Tai-Chi-Kurs teil.** Indem du deinen Geist auf deine Bewegungen und deine Atmung konzen-

trierst, hält das Praktizieren von Yoga oder Tai-Chi deine Aufmerksamkeit auf die Gegenwart. Dies hilf, deinen Geist zu reinigen und in einen entspannten Zustand zu führen.

- **Meditiere.** Meditation funktioniert, indem du deinen Fokus von der Sorge um die Zukunft oder dem Verweilen in der Vergangenheit auf das verlagerst, was gerade passiert. Indem du dich voll und ganz auf den gegenwärtigen Moment einlässt, kannst du die endlose Schleife der negativen Gedanken und Sorgen unterbrechen.
- **Übe die Progressive Muskelentspannung.** Dies kann dir helfen, die endlose Schleife des Sorgens zu durchbrechen, indem du deinen Geist auf deinen Körper und nicht auf deine Gedanken konzentrierst. Indem du abwechselnd verschiedene Muskelgruppen in deinem Körper anspannst und dann freigibst, löst du die Muskelspannung in deinem Körper. Und wenn sich dein Körper entspannt, wird dein Geist folgen.
- **Versuche, tief zu atmen.** Wenn du dich sorgst, wirst du ängstlich und atmest schneller, was oft zu weiterer Angst führt. Aber durch das Üben von tiefen Atemzügen kannst du deinen Geist beruhigen und negative Gedanken beseitigen.

Diese Entspannungstechniken bieten neben einer sofortigen Entlastung von Sorgen und Ängsten bei regelmäßigem Üben auch die Chance, das Gehirn langfristig zu verändern. Die Forschung hat gezeigt, dass regelmäßige Meditation zum Beispiel die Aktivität auf der linken Seite des präfrontalen Kortex – dem Bereich des Gehirns, der für Gefühle der Ruhe und Freude verantwortlich ist – steigern kann. Je mehr du übst, desto größer ist die Erleichterung, die du erleben wirst, und umso mehr Kontrolle wirst du über deine ängstlichen Gedanken und Sorgen haben.

Sprich über deine Sorgen

Es mag wie eine einfache Lösung erscheinen, aber das persönliche Gespräch mit einem vertrauenswürdigen Freund oder Familienmitglied – jemand, der dir zuhört, ohne zu urteilen, zu kritisieren oder ständig abzulenken – ist eine der effektivsten Möglichkeiten, dein Nervensystem zu beruhigen und Ängste zu zerstreuen. Wenn sich deine Sorgen zu drehen beginnen, kann das Reden darüber sie weit weniger bedrohlich erscheinen lassen.

Sorgen für sich selbst zu behalten führt nur dazu, dass sie sich aufbauen, bis sie überwältigend erscheinen. Aber wenn man sie laut ausspricht, kann es oft helfen, das, was man fühlt, zu verstehen und die Dinge ins rechte Licht zu rücken. Wenn deine Ängste unbegründet sind, kann die Verbalisierung sie als das entlarven, was sie sind – unnötige Sorgen. Und wenn deine Ängste gerechtfertigt sind, kann das Teilen mit einem anderen Menschen Lösungen hervorbringen, an die du vielleicht nicht allein gedacht hast.

Lerne, Sorgen zu verschieben

Es ist schwierig, bei deinen täglichen Aktivitäten produktiv zu sein, wenn Angst und Sorge deine Gedanken dominieren und dich von der Arbeit oder deinem Privatleben ablenken. Hier kann die Strategie der Verschiebung von Sorgen helfen. Anstatt zu versuchen, einen ängstlichen Gedanken aufzuhalten oder loszuwerden, erteile dir die Erlaubnis, ihn zu haben, aber schiebe die Beschäftigung damit auf später. Das ist eine der effektivsten Übungen, die bei zahlreichen meiner hochsensiblen Klienten sehr schnell gewirkt hat.

Verabrede dich mit deinen Sorgen! Wähle dazu eine bestimmte Zeit und einen bestimmten Ort für die Sorge. Es sollte noch so früh am Tag sein, dass du dir nicht kurz vor dem Schlafengehen Sorgen machst. Während deiner Sorgenzeit darfst du dich um das kümmern, was dir auf dem Herzen liegt. Der Rest des Tages ist jedoch eine sorgenfreie Zone.

Schreibe deine Sorgen auf. Wenn dir tagsüber ein ängstlicher Gedanke oder eine ängstliche Sorge in den Sinn kommt, notiere sie dir kurz und mache dann weiter in deinem Tagesablauf. Erinnere dich daran, dass du später Zeit haben wirst, darüber nachzudenken, sodass du dir jetzt keine Sorgen machen musst. Auch das Aufschreiben deiner Gedanken – auf einen Block, deinem Handy oder Computer – ist viel einfacher als das sofortige Denken darüber. Dadurch verlieren die Sorgen eher ihre Kraft.

Gehe während der Sorgenphase deine »Sorgenliste« durch. Wenn die Gedanken, die du aufgeschrieben hast, dich immer noch stören, erlaube dir, dich um sie zu kümmern, aber nur für die Zeit, die du dir für deine Sorgenphase gegeben hast. Wenn du deine Sorgen auf diese Weise betrachtest, wirst du es oft einfacher finden, eine ausgewogenere Perspektive zu entwickeln. Und wenn deine Sorgen nicht mehr wichtig erscheinen, verkürze einfach deine Sorgenphase und genieße den Rest des Tages. Nutze deine Sorgenphasen, um ängstliche Gedanken herauszufordern.

Das Aufschieben der Sorgen ist effektiv, weil es die Gewohnheit durchbricht, bei Sorgen zu verweilen, wenn man andere Dinge zu tun hat. Dabei gibt es keinen Kampf, den Gedanken zu unterdrücken oder zu beurteilen. Du speicherst ihn einfach für später. Und während du die Fähigkeit entwickelst, deine ängstlichen Gedanken zu verschieben, wirst du anfangen zu erkennen, dass du mehr Kontrolle hast, als du denkst. Du kannst dann deine zugewiesenen Sorgenphasen nutzen, um deine negativen Gedanken herauszufordern:

- Was ist der Beweis dafür, dass der Gedanke wahr ist oder dass er nicht wahr ist?
- Gibt es eine positivere, realistischere Sichtweise auf die Situation?
- Wie hoch ist die Wahrscheinlichkeit, dass das, wovor ich Angst habe, tatsächlich passiert? Wenn die Wahrscheinlichkeit gering ist, welche Ergebnisse sind dann wahrscheinlicher?
- Ist der Gedanke hilfreich? Wie wird mir die Sorge helfen und wie wird sie mich verletzen?
- Was soll ich einem Freund sagen, der sich diese Sorgen gemacht hat?

Unterscheide zwischen lösbaren und unlösbaren Sorgen

Untersuchungen zeigen, dass du dich, während du dir Sorgen machst, vorübergehend weniger ängstlich fühlst. Die Beschäftigung mit dem Problem in deinem Kopf lenkt dich von deinen Emotionen ab und gibt dir das Gefühl, dass du etwas verändern kannst. Aber Besorgnis und Problemlösung sind zwei sehr unterschiedliche Dinge.

Bei der Problemlösung geht es darum, eine Situation zu bewerten, konkrete Schritte für den Umgang damit zu erarbeiten und den Plan dann in die Tat umzusetzen. Besorgnis hingegen führt selten zu Lösungen. Wenn du viel Zeit damit verbringst, in Worst-Case-Szenarien zu verweilen, bist du nicht mehr bereit, dich mit ihnen zu befassen, sollten sie tatsächlich passieren.

Ist deine Sorge lösbar? Produktive, lösbare Sorgen sind diejenigen, bei denen du sofort handeln kannst. Wenn du dir zum Beispiel Sorgen um deine Rechnungen machst, kannst du mit deinen Gläubigern reden, um dich über flexible Zahlungsoptionen zu informieren. Unproduktive, unlösbare Sorgen sind solche, für die es jetzt kein entsprechendes Handeln gibt. »Was mache ich, wenn ich eines Tages entlassen werde?« oder »Was ist mit meinem Job, wenn ich einmal umziehen muss?«

Wenn die Sorge lösbar ist, beginne mit dem Brainstorming. Erstelle dir eine Liste aller möglichen Lösungen, die dir einfallen. Versuche, dich nicht zu sehr damit aufzuhalten, die perfekte Lösung zu finden. Konzentriere dich vielmehr auf die Dinge, zu deren Veränderung du die Macht hast, und nicht auf die Umstände oder Realitäten, die außerhalb deiner Kontrolle liegen. Nachdem du deine Möglichkeiten bewertet hast, erstelle einen Aktionsplan, achte aber dabei darauf, dass dieser deine hochsensible Wahrnehmung nicht wieder unter Druck setzt. Sobald du einen Plan hast und damit beginnst, etwas gegen das Problem zu tun, wirst du dich viel weniger ängstlich fühlen.

Wenn die Sorge nicht lösbar ist, akzeptiere die Unsicherheit. Wenn du ein chronisches, hochsensibles Sorgenkind bist, fällt die große Mehrheit deiner ängstlichen Gedanken wahrscheinlich in diese Kategorie. Besorgnis ist oft eine Möglichkeit, wie wir versuchen, die Zukunft vorherzusagen – eine Möglichkeit, unangenehme Überraschungen zu vermeiden und das Ergebnis zu kontrollieren. Das Problem ist, dass es nicht funktioniert. An all die Dinge zu denken, die schiefgehen könnten, macht das Leben nicht vorhersehbarer. Die Konzentration auf den schlimmsten Fall hält dich nur davon ab, die guten Dinge zu genießen, die du in der Gegenwart hast. Um mit der Sorge aufzuhören, solltest du dein Bedürfnis nach Gewissheit und sofortigen Antworten erfüllen.

Neigst du dazu, vorherzusagen, dass schlechte Dinge passieren werden, nur weil sie ungewiss sind? Wie hoch ist die Wahrscheinlichkeit, dass es so kommen wird? Da die Wahrscheinlichkeit sehr gering ist, ist es möglich, mit dem geringen Risiko zu leben, dass etwas Negatives passieren kann.

Frage deine Freunde und Familie, wie sie mit der Unsicherheit in bestimmten Situationen umgehen. Könntest du das Gleiche tun?

Stimme dich auf deine Emotionen ein. Die Sorge um die Unsicherheit ist oft ein Weg, um unangenehme Emotionen zu vermeiden. Aber indem du dich auf deine Emotionen einstellst, kannst du anfangen, deine hochsensiblen Gefühle zu akzeptieren, auch solche, die unbequem sind oder keinen Sinn ergeben.

STRESS DURCH ANTRIEBSLOSIGKEIT ODER UMGEKEHRT?

Antriebslosigkeit ist ein Thema, welches viele Menschen bewegt, normalsensible ebenso wie hochsensible. Sowohl im privaten als auch im beruflichen Alltag handelt es sich beim fehlenden Antrieb um ein Phänomen, das nicht nur effizientem Arbeiten schadet, sondern auch psychisch erdrückend wirken kann. Andauernde Müdigkeit und Lustlosigkeit erschweren einem das Berufsleben ungemein. Vor allem dann, wenn die Antriebslosigkeit mehrere Wochen oder gar Monate andauert, ist es an der Zeit zum Handeln.

Was ist mit dem Begriff Antriebslosigkeit überhaupt gemeint?

Im Allgemeinen wird dieses Wort verwendet, um den fehlenden Antrieb und die Motivation von innen heraus zu beschreiben. Eigenen Antrieb braucht der Mensch, um möglichst zielgerichtet, stets fokussiert und vor allem erfolgreich auf etwas hinzuarbeiten. Das sind alles Dinge, die wir im Job dringend benötigen, um gute Leistungen zu erbringen. Doch antriebslosen Personen fehlt die Fähigkeit, sich auf ihr Ziel zu konzentrieren, gänzlich. Zumeist beginnt das schon morgens, indem Betroffene kaum aus dem Bett kommen. Wenn du dieses Phänomen kennst und darüber hinaus schlapp, lethargisch und manchmal vergesslich bist, dann leidest du eventuell an einem mangelnden Antrieb. Falls sich die Situation weiter zuspitzt und du nichts dagegen unternimmst, kann die banale Antriebslosigkeit in einer ernst zu nehmenden Depression enden. Doch so weit soll es nicht kommen!

Ursachen für die Antriebslosigkeit und Erste Hilfe

Vor allem zu Beginn des Winters fühlen sich manche hochsensible Menschen ein wenig schlapper als noch im sonnigen Hochsommer. Das ist weitestgehend normal und liegt in erster Linie an einem vorübergehenden Mangel an Licht. Wenn dieser Gemütszustand anhält, dann solltest du allerdings dringend eine

Ursachenforschung betreiben. Es kommt gar nicht so selten vor, dass der Antriebslosigkeit ein ganz simpler Umstand zugrunde liegt: ein Mangel an Eisen. Genau aus diesem Grund sind auch etwas mehr Frauen als Männer von diesem Phänomen betroffen. Die Menstruation und allgemeine Veranlagung ist in diesem Fall der Verursacher und schlägt dem weiblichen Geschlecht gehörig auf das Gemüt. Eine andere, nicht weniger ernste Ursache ist eine psychische Erkrankung wie die Depression. Aber auch Stoffwechselerkrankungen, Erkrankungen des Gehirns und sogar die Nebenwirkungen bestimmter Medikamente zeigen sich nicht selten in einer anhaltenden Antriebslosigkeit. Solltest du also regelmäßig Medikamente nehmen, sieh dir einmal die Packungsbeilage an oder besprich deine Bedenken mit dem Hausarzt.

Beobachte dich und deine Umgebung

Sofern gesundheitliche Gründe für die Antriebslosigkeit vollständig ausgeschlossen werden können, so solltest du dein feinfühliges Seelenleben genauer unter die Lupe nehmen. Vor allem hochsensible Menschen, die in der Vergangenheit viele negative Dinge oder schwere Traumata erlebt haben, neigen zu Antriebslosigkeit. Auch der Tod eines nahen Menschen kann der Auslöser sein – in diesem Fall sollten sich Betroffene Hilfe bei der Trauerbewältigung holen. Die Chancen auf eine dauerhafte Besserung des Gemütszustands stehen in diesem Fall sehr gut! Doch es gibt noch weitere Auslöser, zum Beispiel das falsche Umfeld. Eigentlich sollten wir uns nur mit Menschen umgeben, die wir richtig gerne mögen, denen wir vertrauen können und die es gut mit uns meinen. Außerdem sollten wir mit unseren

Freunden gemeinsame Interessen haben und deren Meinung zumindest grundsätzlich teilen. Doch nicht immer ist unser Umfeld so traumhaft und makellos. Stattdessen umgeben wir uns manchmal mit Menschen, die von Grund auf pessimistisch sind und uns mit ihrem negativen Denken anstecken.

Ganz gleich, ob es sich um einen Dauernörgler, einen Choleriker oder einen Streitsüchtigen handelt – brich den Kontakt zu diesen Personen ab. Sie rauben dir ansonsten deinen Antrieb und im schlimmsten Fall eine ganze Portion Lebensfreude. Besonders Menschen mit Hochsensibilität sollten das beachten, denn auf Pessimisten reagieren sie besonders feinfühlig.

Ein Grund, warum du über dich hinauswachsen und stetig weiterarbeiten kannst, sind kraftvolle individuelle Ziele. Während einer sich ein Eigenheim bauen möchte, will jemand anderes reich oder berühmt werden. Oft sind es auch viel kleinere Dinge, die uns jeden Tag aufs Neue motivieren. Wer allerdings kein festes Ziel vor Augen hat, der neigt ebenfalls zur Antriebslosigkeit. Solltest du zu dieser Personengruppe gehören, dann höre einfach mal in dich hinein und frage dich, was du wirklich möchtest und was deine Berufung ist. Ziellosigkeit erstickt jeden Antrieb im Keim und macht uns auf Dauer unglücklich.

Mach eine Pause von Stress, Sorgen und Druck

Falls du in letzter Zeit unter viel Stress gelitten hast, kann auch die bloße Erschöpfung zur Antriebslosigkeit führen. Natürlich spornt Stress auch an und treibt uns zu Höchstleistungen – allerdings nur in gesundem Maße! Wenn ein bestimmter Punkt überschritten wird, indem der Stress zu lange andauert, laugt er hochsensible Menschen nur noch aus. Das ist eine natürliche Schutzreaktion unserer feinsinnigen Psyche: Der Körper setzt klare Grenzen und sendet Signale, um uns zu Pausen zu bewegen. Wer diese Zeichen ignoriert, der leidet mit der Zeit an Konzentrationsstörungen, fehlender Motivation und Leistungstiefs.

Zudem führt ein dauerhaft hoher Stresspegel dazu, dass wir an unseren Aufgaben verzweifeln und früher oder später aufgeben möchten. Nimm also lieber den Druck frühzeitig heraus, statt alles hinzuschmeißen. Pausen sind ebenfalls essenziell, um die Antriebslosigkeit zu besiegen oder gleich ganz fernzuhalten. Vor allem ein chronischer Mangel an Schlaf setzt sowohl der Psyche als auch dem Körper zu. Wird die Erschöpfung gar zu groß, mündet diese in chronischen Schlafstörungen. Diese zu eliminieren ist weitaus komplizierter, als die Notbremse zu ziehen. Baue deshalb Pausen ein. Das kann die Mittagspause zwischendurch sein, die du mit einem kurzen Spaziergang verbringst, oder das lange Wochenende, das du zur Entspannung nutzt. Die Hauptsache ist, dass du dir einen Ausgleich zum stressigen Arbeitsalltag schaffst. Nur dann kannst du als Hochsensibler auch dauerhaft gute Leistungen erbringen. Auch wer sich andauernd Sorgen macht, darf sich nicht über Antriebslosigkeit wundern. Wenn sich die Gedanken nur noch um mögliche Krankheiten, den Verlust des Jobs oder um die berufliche Überforderung drehen, dann schadet das auf Dauer unserer zartbesaiteten Seele.

Setze deine Gedankenkraft ein

Was wir tun und empfinden, wird maßgeblich durch unser eigenes Mindset beeinflusst. Obwohl es oftmals den Anschein hat, dass wir Einflüssen aus unserer Umwelt ausgeliefert sind, können wir unsere eigene Stimmung und unser ganzes Leben durch positive Gedanken in die richtigen Bahnen lenken. Versuche, eine positive Denkweise und Lebenshaltung zu entwickeln und zu verinnerlichen. Am besten beginnst du ganz einfach damit, deine Ängste zu hinterfragen. Handelt es sich hierbei um Dinge, die du aktiv ändern kannst? Oder sorgst du dich um Eventualitäten, auf die du ohnehin keinen Einfluss hast? Im letzten Fall solltest du versuchen, dich von den beängstigenden Themen abzulenken. Lerne loszulassen und Dinge so zu nehmen, wie sie sind. Je positiver du in den Tag startest, umso besser wird er. Konzentriere dich zudem auf die Dinge, die du besonders gerne tust oder sehr gut kannst.

Bring deinen Körper in Schwung

Die körperliche Bewegung kann ebenfalls ein adäquates Mittel gegen die Antriebslosigkeit sein. Dazu musst du natürlich erst einmal die nötige Motivation aufbringen, um dich vom Sofa, aus dem Bett oder vom Bürostuhl zu bewegen. Doch du wirst sehen – es lohnt sich. Nach einem flotten Spaziergang, einer Runde joggen oder einer kurzen Einheit Yoga fühlst du dich gleich viel besser. Der Körper schüttet Glücksgefühle aus, welche die Antriebslosigkeit killen und neue Motivation schenken. Vor allem die Bewegung an der frischen Lust hat einen positiven Effekt auf Körper und Geist. Tageslicht und eine extragroße Portion Sauerstoff helfen beim Denken und schenken neue Lebensfreude. Auch spezielle Entspannungstechniken konnen dir dabei helfen, neuen Ansporn zu finden. Schärfe deine Sinne, um die Bedürfnisse deines Körpers besser wahrnehmen zu können. Sind deine Schultern steif und der Nacken verspannt? Oder leidest du unter stechenden Spannungskopfschmerzen? Dann mach auf der Stelle eine Pause, in der du deinen Arbeitsplatz verlässt und in Ruhe ein paar Übungen machst. Das muss nichts Kompliziertes sein: Dehnübungen und Schulterkreisen helfen bereits effektiv.

Sprich über deine Probleme

Ein weiteres Mittel gegen die Antriebslosigkeit ist das Aufschreiben oder laute Aussprechen der eigenen Gedanken. Hierzu kannst du dich entweder gegenüber einem guten Freund oder lieben Kollegen öffnen oder deine Gedanken in einem Tagebuch niederschreiben. Sind die belastenden Gedanken erst einmal auf dem Papier, fühlt sich das erleichternd an. Im Gespräch mit Kollegen findet man das eine oder andere Mal sogar heraus, dass man mit der Antriebslosigkeit nicht allein dasteht. Wenn Menschen in deinem Umfeld mit den gleichen Problemen zu kämpfen haben, dann könntet ihr euch vielleicht gegenseitig motivieren und unterstützen. Selbstreflexion hilft in allen Bereichen des Lebens – so auch beim Thema Antriebslosigkeit. Es kann daher helfen, wenn du dich öfter einmal selbst beobachtest und dein Handeln anschließend kritisch hinterfragst. Indem du nach einem konkreten Motiv für den mangelnden Antrieb suchst, lernst du dich selbst kennen und kannst zukünftig vielleicht sogar vorbeugende Maßnahmen gegen Motivationstiefs ergreifen. Behalte außerdem dein Ziel vor Augen. Wer stets einen Plan hat, um an das Ziel zu kommen, der behält auch in schwierigen und kräftezehrenden Situationen den Antrieb bei.

SO VERWANDELST DU DYSSTRESS IN EUSTRESS

Stetiger Erfolgsdruck, unzufriedene Kunden und unerledigte Arbeiten können bei Empfindsamkeit auf die Dauer zu echtem negativem Stress führen. Dabei ist es durchaus möglich, aus der abwärts führenden Stressspirale auszusteigen und selbst unter schwierigen Umständen plötzlich optimistisch nach vorne zu sehen. Verwandle den ungünstigen Dysstress in den motivierenden Eustress! Das klingt nicht nur einfach: Wenn du konsequent vorgehst, siehst du bald die positive Seite einer Stresssituation.

Eustress vs. Dysstress – was macht die Stressarten aus?

Viel zu tun zu haben, bedeutet nicht automatisch schädlichen Stress. Vielleicht warst du schon einmal in einer Situation, in der du morgens früh aus dem Bett gehüpft bist und bis abends intensiv bei einer Arbeit warst, die dir Spaß gemacht hat und deren Ergebnis du kaum erwarten konntest. Jeden Abend warst du stolz auf das, was du schon geleistet hast, und hast dir bereits ausgemalt, wie es am nächsten Tag weitergehen wird. Voller Motivation hast du deine Aufgabe beendet und hast dich so richtig gefreut, als das Ziel erreicht war. Das ist Eustress. Der »gute« Stress regt den Kreislauf an, damit du zu Höchstleistungen kommst, du kannst danach aber herrlich entspannen und schläfst abends sofort ein. Oft tritt Eustress auf, wenn es sich um Hobbys handelt.

Will ein begeisterter Segler sein erstes eigenes Boot bauen, wird ihm die Arbeit nicht zu schwer – und er arbeitet beschwingt, bis er in See stechen kann.

Ganz anders verhält es sich bei Dysstress, dem negativen Stress, der so sehr an Überforderung erinnert. Jede Aufgabe fällt schwer. Was du siehst, ist der Haufen Arbeit, der sich stapelt, nicht die Menge, die du bereits bewältigt hast. Voller Unlust geht ein Mensch, der in den Fängen von Dysstress festsitzt, einen Teilschritt nach dem anderen an. Er freut sich nicht, wenn etwas erledigt ist, er sieht nur negatives Feedback und all das, was er noch umsetzen muss.

Tipps für den Weg in den positiven Stress

Anerkennung, Freude und ein klares Ziel, das sind wichtige Elemente, die aus einem Gefühl der Unlust zur Motivation führen. Freude hattest du schon lange nicht mehr? Anerkennung – die wünschst du dir vom Chef oder den Kunden, bekommst sie aber nicht? Ein klares Ziel, das ist nicht zu erkennen? Dann habe ich ein paar hilfreiche Tipps für dich, wie du selbst dafür sorgen kannst, dass dir deine Aufgaben mehr Freude bereiten:

- **Zollt dir niemand Anerkennung, tu es selbst!** Nimm dir jeden Tag vor der Mittagspause und am Abend wenige Minuten und klopfe dir selbst auf die Schulter für deine gute Arbeit. Selbst wenn nichts Konkretes fertig geworden ist, sei stolz auf deine Geduld und dein Durchhaltevermögen. Lobe dich, du hast es dir verdient. Und damit deine Leistung für dich deutlich sichtbar wird, schreib deine Anerkennung an dich selbst in ein Lobtagebuch oder auf Haftzettel, die du überall anbringen kannst, wo du an deine Stärken erinnert wirst.

- **Freude kannst du lernen.** Sicher, im Laufe eines Tages gibt es immer wieder Grund, sich zu grämen oder zu ärgern. Dabei übersiehst du leicht das freundliche Lächeln, das dir eine Kollegin schenkt, oder den köstlichen Duft des Kaffees, den blauen Himmel draußen oder die Schönheit der ziehenden Wolken. Verschiebe deine Aufmerksamkeit und genieße Schönes ganz bewusst. Wenn du möchtest, schreib angenehme und freudige Erlebnisse gleich mit in dein Lobtagebuch.
- In deiner Arbeit gibt es keine klaren Ziele, alles ist verwirrt? **Überlege dir, was du selbst willst.** Das muss mit dem Unternehmensziel nichts zu tun haben. Vielleicht möchtest du auf einen schönen Urlaub sparen oder wünschst dir Berufserfahrung für eine bessere Stelle. Eventuell hat der unangenehme Kunde hervorragende Kontakte oder du nimmst ihn als Übung für den Umgang mit Menschen, die schwierig sind. Es gibt so viele unterschiedliche Ziele, wähle eines oder eine überschaubare Menge und bleib dran.
- **Siehst du den Wald vor lauter Bäumen nicht mehr, nimm dir bewusst Zeit, um deine gesamte Situation zu analysieren.** Stelle dir Grundsatzfragen nach deinen Wünschen im Leben. Bist du auf dem richtigen Weg? Ist das, was du tust, noch sinnvoll für dich? Nimm dir wesentliche Bereiche deines Lebens vor, etwa deinen Beruf, deine Wohnsituation, deine Beziehung oder Familie, deine Urlaubswünsche und Ähnliches. Dann gehe systematisch jeden Punkt durch und schreib auf, was für dich gut ist und wo du dir (grundlegende) Änderun-

gen wünschst. Damit kannst du hervorragende Ziele entwerfen, die dich aus der unangenehmen Situation führen. Hol dir deine Motivation und Freude zurück, indem du das Ruder in die Hand nimmst.

Hilfsmittel für Körper und Seele

Ein gesunder Körper und genügend Entspannung erleichtern es dir als hochsensiblen Berufstätigen, auch in sehr fordernden Situationen freudig und motiviert zu bleiben. Grund dafür ist unsere Biologie: Bei Stress baut der Körper Hormone auf, die ihm helfen, Anforderungen bewältigen zu können. Die Stresshormone erhöhen den Herzschlag, erweitern die Bronchien und stellen genügend Blutzucker für rasche Reaktionen wie Weglaufen oder Kampf zur Verfügung. In unserer Vergangenheit war das sinnvoll, in der heutigen Arbeitswelt sind Muskeln jedoch meist nicht mehr so wesentlich. Wir arbeiten in der Regel sitzend, Körperkraft ist nicht nötig. Das weiß unser biologisches System zur Stressbewältigung aber noch nicht, es befindet sich quasi noch in der Steinzeit. Durch Sport hilfst du ihm, die körperliche Aktivität auszuführen, auf die es sich in Stresssituationen vorbereitet hat. Dein Körper baut bei Ausdauer- und Kraftsport Stresshormone und Blutzucker ab. Das gesamte System erkennt: Die Stresssituation ist jetzt vorbei, du kannst entspannen. Zu einem gesunden Körper gehört ausgewogene Ernährung. Gönne dir ausreichend Vitamine und Mineralstoffe, das steigert die Stressresistenz.

Ist Sport gerade nicht möglich, weil du zum Beispiel im Büro sitzt, dann führe kleine Entspannungsübungen durch. Dein Körper erkennt rasch, dass keine Stresshormone mehr nötig sind, wenn du dich nur ein oder zwei Minuten lang auf deine Atmung konzentrierst. Verändere nichts, lass einfach die Luft ein- und ausströmen, ganz wie dein Körper das von sich aus tut. Selbst wenn du rasch oder hektisch atmest, schau einfach nur zu. Vielleicht verändert sich etwas, vielleicht auch nicht. Probiere es aus und beobachte, wie du dich davor, währenddessen und danach fühlst.

ERSTE HILFE BEI ÄNGSTEN ODER STRESS

◇◇◇◇

Das beste Mittel gegen Stress ist unsere Fähigkeit, einen Gedanken einem anderen vorzuziehen.

WILLIAM JAMES

Alle Methoden, die ich dir hier vorstelle, sind sehr leicht lernbar und einsetzbar. Mit ein wenig Übung kannst du sie in deinen Alltag integrieren, sodass sie dir leichtfallen werden, auch in besonders herausfordernden Situationen. Dazu brauchst du auch Konsequenz und Selbstdisziplin – oftmals unbeliebte Faktoren bei Veränderungsprozessen. Aber ganz ohne geht es nicht.
An dieser Stelle möchte ich dich erinnern: Du bezahlst immer für alles einen Preis. Entweder du belässt alles beim Alten, indem du die bekannte und leiderzeugende Situation nicht veränderst. Vielleicht lehnst du Konsequenz und Selbstdisziplin vehement ab, weil dich diese Begriffe an Zwang und Bevormundung in deiner Kindheit erinnern. Vielleicht neigst du zu Bequemlichkeit und es fällt dir schwer, deine Komfortzone zu verlassen. All das ist völlig in Ordnung, wenn du dir der vollen Tragweite deiner Entscheidung zum Nichtverändern bewusst bist, das heißt, wenn du genau weißt, welchen Preis du dafür bezahlst, wenn alles so bleibt, wie es ist.

Oder du veränderst das, was dich belastet oder gar leiden lässt. Wahrscheinlich musst du dich überwinden, wenn du aus deiner Komfortzone in die Lernzone hineintrittst. Das fühlt sich immer ungewohnt an. Vielleicht tauchen beim Einüben der verschiedenen Strategien, die ich dir vorstelle, solche Gedanken auf: »Das bringt ja doch nichts«, »Ich merke überhaupt nichts, dabei mache ich das jetzt schon vier Wochen« oder »Ich vergesse ständig, daran zu denken, was ich tun kann.« All diese Gedanken sind berechtigt. Schau sie dir einfach nur an, beobachte sie, verfolge sie aber nicht weiter. Gib ihnen keine Energie. Sondern übe.

Es ist wie bei einer Sportart, die du gerade erlernen willst, oder einem Musikinstrument, das du spielen willst, oder einem neuen Handwerkszeug: Du musst üben, üben, üben, bis du etwas zufriedenstellend beherrschst. Von den ersten ungelenken Versuchen bis hin zur Meisterschaft ist es ein weiter Weg. So ist es auch bei meinen Methoden. Lass dich nicht von der menschlichen Neigung fangen, Veränderungen umgehen zu wollen. Übernimm die volle Verantwortung für dein Leben, für deinen beruflichen Erfolg und ebenso für dein glückliches Privatleben.

Empfindsamkeit ist keine Erklärung für Handlungsunfähigkeit und schon gar keine Ausrede. Sie ist das Motiv für die Entscheidung, zu handeln und zu verbessern! Sie ist deine Gabe, die du entfalten und veredeln darfst, damit sie zu deinem von innen und von außen reichen Leben beitragen kann und die Welt verbessert. Kommen wir zur ersten Methode.

EMOTIONALE SELBSTHILFE MIT DER PEP-METHODE

Gefühle bestehen zu einem großen Teil aus Körperwahrnehmungen. Deshalb ist es sinnvoll, den Körper bei der Veränderung dysfunktionaler Emotionen miteinzubeziehen. Dafür hat sich die PEP-Methode in meiner Praxis sehr bewährt. PEP ist die Abkürzung für Prozess- und Embodiment-fokussierte Psychologie, eine Klopftechnik, die an der akuten Situation ansetzt (= Prozess) und den Körper miteinbezieht (= Embodiment). Die innovative Klopfmethode kann dir helfen, intensive Belastungen abzubauen. Denn für den hochsensiblen Körper sind stressige Situationen wirklich Gift. PEP verbindet Klopftechniken mit der gezielten Beeinflussung von unerwünschten Denkmustern.

Aufgrund der raschen Wirkung nutzen immer mehr Menschen PEP direkt vor oder nach stressigen Situationen. Denn PEP kann bei genug Erfahrung vor den schädlichen Auswirkungen von zu viel Stress schützen. Wichtig dabei: Du entscheidest, was stressig für dich heißt. Jeder Mensch ist anders und geht demzufolge auch anders mit Belastungen um. Eines aber haben alle Menschen gemeinsam: In ihrem Gehirn laufen Prozesse ab, die sich beeinflussen lassen. Verschiedene Areale des Gehirns sind dabei zuständig für unterschiedliche Arten von Prozessen.

So funktioniert die Klopftechnik

PEP steht dafür, dass Körper und Psyche sich gegenseitig beeinflussen. Deshalb können seelisch stark belastende Situationen zu körperlich wahrnehmbaren Krankheiten führen. Der Grund:

Verspannungen und Blockaden behindern den freien Energiefluss in deinem Körper. PEP bringt das wieder ins Lot. Erfunden hat die Methode Dr. Michael Bohne. Der Arzt entwickelte im Jahr 2008 die amerikanische Methode der Emotional Freedom Techniques (EFT) weiter. EFT sind reine Klopftechniken – PEP geht darüber hinaus. PEP löst nicht nur mit Klopfen belastende Emotionen auf, sondern zielt zudem auf die Veränderung von Denkmustern, die sich in uns festgesetzt haben und sich negativ auswirken. Dabei nutzt PEP Akupunkturpunkte, deren mechanische Beeinflussung durch Klopfen und Reiben blockierte Energie wieder ins Fließen bringt. Das reduziert Stress und kann von jedem selbstständig angewandt werden.

Je nach Problemlage erfolgt dabei die Wirkung sehr rasch. Bei weniger festsitzenden Blockaden oder in akuten Stresssituationen wurden schon nach 15 Minuten erste Erfolge erzielt. Andererseits kann es für gravierende Probleme auch Wochen oder Monate bis zur Auflösung benötigen. Geduld ist hier wichtig – und die regelmäßige Anwendung der Methode. Zudem kommt der Erfolg oft schleichend, sodass der Klient ihn erst dann wahrnimmt, wenn er in einer herausfordernden Stresssituation plötzlich bemerkt, dass er nicht mehr mit den gleichen Verhaltensmustern oder emotionalen Belastungen reagiert wie früher.

PEP kann bei folgenden Problemen angewendet werden:

- Ängste
- Selbstvorwürfe und Vorwürfe anderen gegenüber
- Stress
- irrationale Erwartungshaltungen an andere Menschen
- Selbsterniedrigung
- ungesunde Empathie (Verbundenheit mit dem Leid anderer)

Viele Probleme, unter denen hochsensible Menschen leiden, haben etwas mit der inneren Einstellung sich selbst gegenüber zu tun. Hinzu kommt, dass sie oftmals noch nicht genug Selbstfürsorge entwickelt haben und dass ihre Selbstakzeptanz gering ist. Mit PEP kann sich daran schnell etwas ändern.

So wirkt die Klopftechnik

- Das Berühren der Haut setzt stressreduzierende Hormone wie das Glückshormon Dopamin frei (neurohormonale Wirkung).
- Die Stimulation der Fingerkuppen und Gesichtshaut führt zur stärkeren Durchblutung der Großhirnrinde und stimuliert damit kognitive Prozesse (Durchblutungswirkung).
- Die Berührung durch sich selbst reduziert das Stresslevel deutlich, sodass die Merkfähigkeit steigt (selbstberuhigende Wirkung).
- Das limbische System im Mittelhirn, das im Zusammenhang mit Emotionen steht, reagiert durch die Klopfreize mit Auflösung alter Gefühlsverknüpfungen (neurobiologische Wirkung).

Aber Achtung: Nicht immer ist die Methode, die ich dir hier vorstelle, völlig harmlos. Diese Anleitung ist lediglich ein Vorschlag zur Selbsthilfe. Bitte sei dir bewusst, dass gerade bei extrem belastenden Situationen aus deiner Vergangenheit auch sehr starke Emotionen auftreten können. Dann solltest du das Thema besser mit einem erfahrenen Coach oder Therapeuten behandeln.

WANN DU PEP KEINESFALLS ANWENDEN SOLLTEST:

- akute Psychose
- schwere Persönlichkeitsstörung
- bei Trauma vom Typ II – konsultiere einen Traumatherapeuten!

So wird die Klopftechnik angewendet

Im Lauf eines Lebens kommt es immer wieder zu extrem belastenden Situationen. Die Situationen selbst lassen sich vielleicht schwer umgehen, doch ihre Auswirkungen kannst du aktiv beeinflussen. Das geht bei kurzfristigem Stress (mit welcher Ursache auch immer) sowohl vor als auch nach der belastenden Situation. Du kannst PEP allein anwenden oder auch die Hilfe eines erfahrenen Coachs suchen. Versuchst du es allein, kannst du kaum etwas falsch machen. Zumindest wirkt das Klopfen als eine Übung zu mehr Selbstakzeptanz. Im besten Fall bist du auf dem Weg zu mehr körperlicher und geistiger Gesundheit ein Stück weiter.

Vor allem ist für PEP Ruhe wichtig. Dich sollte nichts stören, weshalb auch die Ausübung von PEP entweder vor oder nach einer stressigen Situation erfolgt. Mittendrin kannst du es versuchen – allerdings ist dann die Gefahr der Ablenkung zu groß. Außerdem solltest du wissen, wo die wichtigen Klopfpunkte liegen. Mach dich zuerst mit ihnen vertraut:

1. Handrücken, zwischen dem Knochen des kleinen und des Ringfingers
2. Handkante

3. Nagelkante kleiner Finger (innen)
4. Nagelkante Mittelfinger (innen)
5. Nagelkante Zeigefinger (innen)
6. Daumennagel innen
7. Mitte zwischen den Augenbrauen, ca. 1 Zentimeter höher
8. innerer Rand der Augenbraue
9. außen neben dem Auge
10. mittig direkt unter dem Auge
11. mittig unter der Nase
12. Grube mittig unter den Lippen
13. direkt unter dem Schlüsselbein
14. Mitte unterm Rippenbogen
15. unter dem Arm, ca. 20 Zentimeter unter der Achsel
16. Mitte des Brustbeins
17. der Selbstakzeptanzpunkt: über der linken Brust, ungefähr drei Fingerbreit unter dem Schlüsselbein

Du kannst die Punkte zur Vorbereitung der Übung einige Male ertasten. Im Allgemeinen finden sie sich leicht, denn sie schmerzen bei festerer Berührung ein kleines bisschen. Die Klopfpunkte müssen nicht genau getroffen werden, Millimeterarbeit ist nicht gefragt. Geklopft wird sanft und spürbar mit zwei bis drei Fingern, sodass sich die entsprechenden Punkte angenehm anfühlen. Die meisten Punkte können sowohl rechts als auch links geklopft werden. Probiere aus, was für dich passend ist, indem du die Seiten auch wechselst.

Die Durchführung

1. **Finde dein Thema.**
   Zunächst ist es für die erfolgreiche Anwendung der Klopftechnik wichtig, sich für ein Thema zu entscheiden. Dafür eignen sich viele Situationen:
   - eine konkrete Situation der Vergangenheit, die dich noch belastet
   - eine belastende Emotion, die du gerade jetzt akut spürst
   - eine Situation in der Zukunft, die du fürchtest

Falls du eine Situation aus der Vergangenheit auswählst, dann nimm bitte eine ganz spezifische Situation. Es ist zum Beispiel keine spezifische Situation, wenn du »Mein Kollege hat mich übergangen!« bearbeitest. Besser wäre: »Mein Kollege hat mich beim Kundenmeeting im Januar übergangen, als ich den richtigen Lösungsvorschlag gemacht habe und er ihn danach für seinen ausgegeben hat.« Nimm das Stressthema, das für dich im Vordergrund steht. Dann schaue, welche Gefühle das Thema bei dir jetzt auslöst. Erfahrungsgemäß sind das meistens Angst, Ärger, Wut, Trauer, Schuld, Scham, Resignation, Ohnmacht oder Verzweiflung. Manchmal ist auch ein Gefühl von Zorn, Ratlosigkeit, Hilflosigkeit oder Trotz spürbar.

2. **Fokussiere dich auf dein Tema.**
   Du weißt am besten, was dich belastet. Und es gibt bestimmt eine Situation, in der du dich damit sehr unwohl gefühlt hast. Erinnere dich daran, selbst wenn es schwerfällt. Geh gedanklich in die Situation hinein, bis du sie genau nach- oder wiederempfinden kannst.

3. **Bewerte deine Gefühle.**
   Ordne die Stärke der Belastung, die du jetzt fühlst, auf einer Skala ein. Die Skala geht von 1 bis 10, wobei 10 die intensivste Belastungsstufe ist. Auf diese Weise kannst du später überprüfen, ob und wie stark sich dein belastendes Gefühl verändert hat.
4. **Stimme dich ein.**
   Zunächst wird vor dem Beginn des Klopfens ein Einstimmungssatz gesprochen. Dieser Satz verhindert, dass dein Unterbewusstes mögliche Veränderungen verhindert. Der Einstimmungssatz beginnt immer damit, deine Angst oder dein Problem zu bündeln: »**Obwohl ich … habe, liebe und akzeptiere ich mich so, wie ich bin.**«
   Wichtig ist, dass der Satz gleichzeitig ein hohes Maß an grundsätzlicher Akzeptanz deiner Eigenart, deines Selbst beinhaltet. Der Inhalt ist persönlich und variabel, wobei das Satzmuster immer das gleiche ist: »**Auch wenn ich … (Zweifel, Vorwurf, Ängstlichkeit, Gefühl von Inkompetenz etc.) habe, liebe und akzeptiere ich mich so, wie ich bin.**«

Beispiele:

- »Auch wenn ich erwarte, dass andere von selbst draufkommen, wie ich Anerkennung bekommen will, liebe und akzeptiere ich mich so, wie ich bin.«
- »Auch wenn ich mir eine neue Idee gar nicht so richtig zutraue, liebe und akzeptiere ich mich so, wie ich bin.«
- »Auch wenn ich mir vorwerfe, nicht anfangen zu können, weil ich Angst habe, Fehler zu machen und deshalb kritisiert und abgelehnt zu werden, liebe und akzeptiere ich mich so, wie ich bin.«

- »Auch wenn ich mich nicht traue, bessere Ideen als andere zu haben, liebe und akzeptiere ich mich so, wie ich bin.«
- Am besten sagst du dir deinen persönlichen Satz laut. Massiere nun den Selbstakzeptanzpunkt, also den Punkt über deiner linken Brust, etwa drei Fingerbreit unter deinem Schlüsselbein. Dazu wird diese Stelle mit den Fingerkuppen deiner rechten Hand gerieben – so, als wolltest du eine Creme dort verteilen. Als Alternative kannst du beim Sprechen dieses Satzes auch mit der äußeren Handkante die andere Handkante beklopfen.

5. **Klopfe.**
   Nachdem du so deine Selbstakzeptanz gestärkt hast, beginnst du mit dem Klopfen der Klopfpunkte. Erfühle die Punkte (es reicht, wenn du sie im Umkreis von 5 Zentimetern triffst) und klopfe leicht mit den Fingerkuppen dagegen. Benutze dazu zwei bis drei Finger und lege zwischen allen Punkten eine kurze Pause ein, in der du erfühlst, was in dir geschieht. Die ganze Sitzung sollte nie rein mechanisch erfolgen: Sie dient immer auch der Selbstreflexion. Schmerzt ein Punkt mehr als die anderen oder tut die Behandlung ihm spürbar gut, verweile hier ein wenig länger.
   Wichtig zu wissen: Es ist ziemlich egal, auf welcher Körperseite du klopfst. Auch ob du die Reihenfolge genau einhältst, spielt erfahrungsgemäß keine Rolle. Je öfter du klopfst, umso mehr wird sich der Ablauf automatisieren

6. **Spüre in dich hinein.**
   Am Ende der ersten Klopfunde horche wieder in dich hinein: Nach einer weiteren Pause und einem tiefen Durch-

atmen wiederholst du die Frage vom Anfang und die Einordnung auf der Skala. Frage dich: Wie haben sich deine Gefühle verändert? Wie stehst du jetzt zu dem Thema? Es folgen weitere drei bis sieben Klopfzyklen, so lange, bis die Erinnerung an die belastende Situation nicht mehr schmerzhaft für dich ist und sich deine negative Emotion aufgelöst hat. Damit ist das Thema fertig bearbeitet.

PEP als wirkungsvolles Instrument zur Selbsthilfe

Richtig eingesetzt kann PEP viel bewirken. Die Lösung innerer Blockaden führt zu mehr seelischer Zufriedenheit und körperlicher Gesundheit. Dabei kann die Klopfmethode herkömmliche Therapien unterstützen, aber auch separat eingesetzt werden. Damit ist PEP eine sanfte, aber wirkmächtige Methode zur Selbsthilfe. Mittlerweile wird sie von immer mehr Psychotherapeuten, Coaches und Heilpraktikern empfohlen. Wenn du die Beseitigung innerer emotionaler Blockaden anstrebst, solltest du PEP ausprobieren.

Zur Vertiefung dieser Anleitung findest du viele Informationen und Abbildungen der Klopfpunkte im Internet.

MENTALE SELBSTHILFE MIT DER HELIKOPTERTECHNIK

Vor einer Menschenmenge zu sprechen, eine wichtige Präsentation zu halten, zu einem Vorstellungsgespräch zu gehen – all dies sind stressige Situationen und sie können selbst bei normalsensiblen Menschen Angst und Schrecken auslösen. Das Schlimmste an der Angst ist, dass sie lähmen und unsere Fähigkeit zerstören kann, unsere gegenwärtigen Erfahrungen einfach nur rational zu verarbeiten. Was wäre, wenn es eine Methode gäbe, die leicht erlernt werden könnte, um die Auswirkungen von Ängsten zu reduzieren? Mnemonik oder Gedächtnishilfen dienen oft als nützliche Werkzeuge, um uns in Momenten zu helfen, in denen das Gedächtnis versagen könnte. Im Falle von Angst ist ein beliebtes Akronym FEAR – False Evidence Appearing Real. Ins Deutsche übersetzt bedeutet das: Falsche Beweise erscheinen real. Dieses Akronym ist nützlich, um uns daran zu erinnern, dass Angst oft auf einem Wahrnehmungsfehler beruht.

Viele hochsensible Menschen denken oft über die Zukunft nach. Sie sind sehr geschickt darin, sich vorzustellen, was passieren könnte, und erleben dann häufig sogenannte antizipative Emotionen, also Gefühle, die erwartet werden. Die Gefühle, positive wie negative, werden also erst über das Denken an bestimmte Situationen ausgelöst. Dies hat sich in unserer Evolution durchaus als hilfreich erwiesen, kann aber auch Probleme verursachen, da die erwartete Angst vor Dingen, die nicht geschehen dürfen, uns Stress verursacht.

Wie kann man diese Ängste bewältigen, wenn es nötig ist? Aus der Sportpsychologie kommt die Helikoptertechnik, mit der Athleten Höchstleistungen erzielen. Für hochsensible Menschen ist sie auch abseits körperlicher Ertüchtigung schnell und wirksam einzusetzen.

Für viele hochsensible Menschen besteht der beste Weg, ihre Ängste zu bekampfen, darin, sich selbst ein System zurechtzulegen, das sie nutzen, wenn sie das Gefühl haben, dass irgendeine Angst sich anschleicht. Die Helikoptertechnik kann die Auswirkungen dieser Momente, wenn sie kommen, reduzieren und dabei helfen, sie zu überstehen, ohne von der Angst behindert zu werden. Wir begeben uns in Gedanken in einen Hubschrauber: Wir steigen mental senkrecht nach oben, um einen Überblick über eine Situation zu bekommen und gleichzeitig auch eine gewisse Distanz. Im Coaching nennen wir das »die Metaperspektive einnehmen«. Wir schauen uns aus sicherer Entfernung das Geschehen an, analysieren es und finden die nächsten Schritte.

Die Helikoptertechnik ist eine Art Gedächtnishilfe, ein nützliches Werkzeug, um uns in Momenten zu helfen, in denen der Verstand versagen könnte. Angst beruht oft auf einer Fehlwahrnehmung und zwingt einen hochsensibel wahrnehmenden Körper und sein Gehirn in Extremsituationen. Weiche Knie, Schweißausbrüche oder Herzrasen sind Beispiele dafür, wie ein Körper auf Angst reagieren kann. Ängste lassen sich dann am besten dauerhaft überwinden, wenn du gelernt hast, dass es in vielen Situationen keine rationalen Gründe für deine Ängste gibt. Durch die gezielte Konfrontation mit Situationen, die Ängste auslösen können (aber aus quasi sicherer Distanz), lernst du, mit diesen umzugehen und dabei die Kontrolle zu behalten. Hierzu besteht das System aus vier einfachen Schritten:

1. fokussieren statt ausflippen
2. konfrontieren statt entkommen
3. angehen statt vermeiden
4. viel üben

Bevor ich im Detail auf diese einzelnen Punkte eingehe, hier eine kurze Zusammenfassung: Wenn du dir Sorgen machst, fokussiere dich auf die anstehende Aufgabe oder auf eine aktuelle Sache, die dir gerade jetzt helfen kann. Dann, anstatt es zu ignorieren, stelle dich ihr und zerlege sie in kleinere Stücke. Dann nähere dich diesen kleineren Etappen wie mit einem Helikopter von oben und betrachte sie in Ruhe. Das gibt dir Kraft und entmachtet die schwierige Situation. Zum Schluss übst du, wie du mit dem Problem umgehen willst. Je häufiger und intensiver du dies übst, desto besser bist du bereit und desto selbstbewusster wirst du sein.

Wie kannst du konkret vorgehen? So geht's:

Fokussieren

Forscher haben herausgefunden, dass eine achtsamkeitsbasierte kognitive Intervention helfen kann, Ängste zu reduzieren, indem der Fokus neu ausgerichtet wird. Nähere dich den Ängsten wie mit einem Helikopter von oben langsam an. Beachte dabei: Ängste haben meist einen Zukunftsfokus. Wenn es dir gelingt, dich auf die Gegenwart zu fokussieren und damit die Angst aus sicherer Distanz zu betrachten, kannst du dich leichter entspannen. Das Üben von Fähigkeiten wie die bewusste Wahrnehmung des eigenen Körpers, achtsame Bewegung, sitzende Meditationspraktiken und Atmung hilft dir, Angst zu reduzieren und dich stärker auf die Gegenwart zu konzentrieren. Das Experimentieren mit dem gezielten Fokus auf das Hier und Jetzt sorgt dafür, dass Ängste abgebaut werden. Stell dir dabei immer wieder die Helikoptersituation vor, die dich sicher fühlen lässt.

Exponieren

Eines der Zeichen von Ängsten ist die Tendenz, Unbehagen zu vermeiden und der beängstigenden Situation einfach nur entkommen zu wollen. Im Gegensatz dazu bieten sogenannte Expositionshierarchien die Möglichkeit, eine gefürchtete Aufgabe in kleinere, besser erlebbare Schritte aufzuteilen. So wie du mit dem Hubschrauber die Distanz zum Boden verändern kannst, kannst du deine Befürchtungen dosiert angehen.

Es geht um langsames, dosiertes Exponieren statt Entkommen. Wenn du beispielweise Angst davor hast, um Hilfe zu bitten, kannst du auch erst einmal klein anfangen. Zuerst bittest du nur um kleine alltägliche Dinge wie einen Stift. Später bittest du zum Beispiel um Hilfe bei der Formulierung eines Satzes. So tastet du dich nach und nach näher heran, bis es dir nicht mehr schwerfällt, andere um Hilfe zu bitten. Auch nicht bei etwas Großem wie zum Beispiel einem Umzug. Es ist sinnvoll, so lange auf der einfachsten Ebene zu bleiben, bis gar keine oder nur noch minimale Angst vorhanden ist. Wenn du den untersten Schritt mit Leichtigkeit abschließen kannst, kannst du zum nächsten Schritt übergehen.

Angehen

Ein weiteres Merkmal der Angst ist die Tendenz, Aufgaben zu vermeiden, die als schwierig oder herausfordernd angesehen werden. Menschen streben danach, das zu tun, was kurzfristig angenehm ist und zu schneller Zufriedenheit führt. Sie vermeiden aber auch oft das, was zwar kurzfristig unbequem ist, aber letztendlich eine dauerhafte Zufriedenheit bringen könnte. Die Lösung einer Aufgabe muss nicht in großem Stil erfolgen. Wenn du zum Beispiel anfänglich Angst hattest, einen Berg zu besteigen, könnte dein erster Ansatz in diese Richtung einfach darin bestehen, mehr über die Fähigkeiten zu erfahren, die fürs Bergsteigen und Klettern erforderlich sind. Auch das ist wie die Sicherheit, wenn du über dem Berg im Helikopter schwebst. Darüber hinaus kannst du einen noch kleineren Schritt machen, um die Situation mental anzugehen. Die mentale Vorstellung, Schritte zu unternehmen, um ein Ziel zu erreichen, kann Ängste effektiv reduzieren. Aufgaben angehen, anstatt sie zu vermeiden.

Üben

Beim Üben wird eine Verhaltensfertigkeit wiederholt geübt, bis die Meisterschaft erreicht ist. Schauspieler, Sprecher, Sportler, Musiker, Sänger, Tänzer, Skater und andere Darsteller verstehen, dass häufiges, wiederholtes und gutes Üben für eine großartige Leistung unerlässlich ist. Wenn du eine leistungsbezogene Angst hast, experimentiere mit dem Üben bis zu einer höheren Leistungsfähigkeit. Du näherst dich deinen Herausforderungen immer mehr an und landest den Hubschrauber zu guter Letzt im Gelände, das vorher angstbesetzt war.

Da du hierbei durch dein aktives Tun deine Kompetenzen deutlich erhöhen wirst, wird das Üben deine Ängste verringern. Sehr wahrscheinlich wird sich auch eine bessere Leistung einstellen, so wie bei allem, was man regelmäßig einübt. Darüber hinaus kann das Üben zu einer wichtigen Erkenntnis führen:

Statt zu denken, dass du etwas nicht tun kannst, lehrt die Praxis dich etwas anderes. Wenn eine neue Fertigkeit wiederholt geübt wird, fällt sie irgendwann leicht.
Tief verwurzelte neurologische Wege werden sich nicht über Nacht ändern. Mit der regelmäßigen Anwendung der Helikoptertechnik gegen deine Ängste wirst du mit der Zeit neue Wege schaffen, die dir in deinem Alltag besser dienen.

KÖRPERLICHE SELBSTHILFE: SOFORT EINSETZBARE, EFFEKTIVE STRATEGIEN

Die körperlichen Reaktionen auf Stress sind völlig normal. Sie sind evolutionär bedingt und bringen den Körper in Höchstform, damit er sich bei Gefahr auf die Flucht oder den Kampf optimal vorbereiten kann. Wenn sich die Hormonfunktionen bei Stress verselbstständigen, wird es allerdings problematisch. Um die Stressreaktionen möglichst schnell in den Griff zu bekommen, helfen ein paar relativ einfache Tipps. Den einen oder anderen Tipp kennst du an dieser Stelle bereits. Nimm mir die Wiederholung nicht übel. Steter Tropfen höhlt den Stein, und da dieses Kapitel im Ernstfall zur Hand genommen werden sollte, findest du diese wichtigen Tipps gegen Stress auf der körperlichen Ebene hier gesammelt.

Kurzfristige spontane Bewegung

Die körperlichen Reaktionen auf Stress stellen den Menschen auf Angriff und/oder Flucht ein. Dabei handelt es sich um aktive Reaktionen. Um den aufgestauten Druck abzubauen, hilft Bewegung. Dazu musst du nicht gleich stundenlang joggen gehen oder Gewichte stemmen. Ein flotter Spaziergang von 30 Minuten reicht in den meisten Fällen schon völlig aus. Oder wie wäre es damit, wenn du auf dem Weg zur Kaffeemaschine einen Umweg über den obersten Stock im Gebäude machst? Treppensteigen ist auch eine wirksame Art der Bewegung.

Nahrung für die Nerven

Wenn du merkst, dass der Stress zu viel wird, solltest du eine Pause einlegen. Es ist nicht einfach, sich für kurze Zeit aus der aktuellen, anspruchsvollen Situation zu lösen. Aber es lohnt sich, sich etwas Gutes zu tun und etwas zu essen, das den akuten Stresspegel senkt.

- **Schokolade macht glücklich**
  Je höher der Anteil an Kakao, desto besser. Die enthaltenen Antioxidantien helfen dabei, den Stresshormonpegel und auch den Blutdruck zu senken. Das ebenfalls in der Schokolade enthaltene Tryptophan fördert die Serotoninbildung und macht gute Laune. Keine Angst vor Gewichtszunahme: Es reichen bereits 40 Gramm Kakao pro Tag!
- **Heiße Milch mit Honig**
  Dieses alte Hausrezept hilft zum Beispiel bei Einschlafpro-

blemen. Der Grund: Unter Stress und Anspannung steigt der Bedarf an Magnesium. Der Mangel führt nicht nur zu Schlafstörungen, sondern auch zu Nervosität und Konzentrationsschwächen. Die warme Milch stockt den Magnesiumvorrat wieder auf. Und die natürlichen Phosphorlipide in der Milch heben die Stimmung.

- **Hülsenfrüchte: Linsen, Bohnen & Co.**
  Auch Hülsenfrüchte sind wichtige Lieferanten für Magnesium. Bei Magnesium handelt es sich um einen wichtigen Mineralstoff für die Nerven, und er vermindert sogar Angstgefühle. Linsen sind zusätzlich reich an Vitamin B1, das das Nervensystem bei der Regeneration unterstützt.
- **Rotkohl – nicht nur im Winter lecker**
  Violette Gemüsesorten sind wichtige Lieferanten für Antioxidantien. Und diese beugen nachweislich Herz-Kreislauf-Erkrankungen vor. Also genieße den Rotkohl nicht nur in der kalten Jahreszeit zu Braten und Klößen, sondern greife auch dann zu, wenn der Stresspegel erhöht ist.
- **Pistazien – lecker und so gesund!**
  Pistazien überzeugen mit ihren zahlreichen gesunden Inhaltsstoffen, darunter Vitamin B, mehrfach ungesättigte Fettsäuren, Kalium und Antioxidantien. Pistazien senken nachweislich den Blutdruck und wirken sich so positiv auf den Stresspegel aus.
- **Sauer macht lustig: Zitronen gegen Stress**
  15 Minuten Stress kosten den Körper 300 bis 350 Milligramm Vitamin C und schwächen so das Immunsystem. Den Vitamin-C-Speicher solltest du aber nicht mit Tabletten wieder auffüllen, sondern mit natürlicher Zitrone, Paprika oder Kiwi.

- **Abwarten und Tee trinken**
  Von schwarzem Tee einmal abgesehen, hat das heiße Getränk immer eine beruhigende Wirkung. Besonders Kräutertee hilft, den gestressten Körper zu entspannen. Und das fängt schon bei der Zubereitung an. Empfehlenswert sind Melissen- und Kamillentee, aber auch handelsüblicher Früchtetee wirkt sich positiv aus.

Die Stressformel anwenden

Um den Stress zu reduzieren, braucht es wirklich nicht viel. Fatal ist es, sich einzureden, dass die Situation nicht geändert werden kann. Leider tun das viele hochsensible Menschen, denn sie meinen, sie hätten keine Möglichkeiten, den Stress zu vermeiden. Dadurch erhöht sich der innere Druck nur. Die persönliche Zufriedenheit wird immer mehr belastet und kann schließlich zur ernst zu nehmenden Gefahr für die Gesundheit werden. Damit es so weit nicht kommt, nutze die sogenannte Stressformel, mit der die Stresssymptome nachweislich reduziert werden können. Hochsensible Menschen können so sehr schnell ihren Körper wieder in ein harmonisches Gleichgewicht bringen. Diese Formel lautet wie folgt:

Zweimal – 30 Minuten – drei Monate

Nach dieser Formel sollte jeder 30 Minuten Ausdauersport betreiben, und zwar zweimal pro Woche. Die positiven Effekte stellen sich schon nach drei Monaten ein. Untersuchungen haben gezeigt, dass dann im Körper deutlich weniger Kortisol auch in akut stressigen Situationen vorhanden war. Außerdem haben

Menschen, die zweimal 30 Minuten Sport pro Woche treiben, trotz Stress eine niedrigere Herzfrequenz. Wenn du dich an diesen einfachen Trainingsplan hältst, wirst du nach drei Monaten feststellen, dass der empfundene Stress sich reduziert. Du wirst einen klareren Kopf bewahren und in kritischen Situationen entspannter reagieren. Nicht nur dein Herz-Kreislauf-System wird entlastet, sondern auch weitere typische Stresssymptome lassen deutlich nach.

Für welche Art von Ausdauersport du dich entscheidest, spielt keine Rolle. Du kannst joggen oder schwimmen, Fahrrad fahren, walken, auf einem Ergometer trainieren oder auch rudern. Wichtig ist, dass dir die Sportart wirklich Spaß macht. Denn damit bekommst du den inneren Schweinehund am einfachsten in den Griff.

Einen Stressball nutzen

Fast jeder Hochsensible hat seine eigene Methode, um mit akutem Stress umzugehen. Viele Menschen mit Hochsensibilität nutzen diese völlig unbewusst. Der eine tippt in nervtötender Monotonie mit dem Stift auf die Schreibtischplatte. Ein anderer klickert mit dem Kugelschreiber, bis den Kollegen die Haare zu Berge stehen. Manche nesteln an den Haaren, kauen an ihren Fingernägeln oder beschäftigen sich stundenlang mit ihrer Brille.

Viel besser ist ein sogenannter Stressball, denn der hält auch den massivsten Attacken des gestressten Hochsensiblen mühelos stand. Er passt in jede Tasche und kann zur Not auch mit viel Verve an die Wand geworfen werden. Das Knautschen, Formen oder auch Werfen des Stressballs bringt Körper und Seele wieder in ein harmonisches Gleichgewicht, Puls und Blutdruck sinken, die Atmung wird ruhiger.

Aber funktioniert der Stressball tatsächlich?

Tests bei Leistungssportlern haben gezeigt: Ja, der Stressball bietet eine großartige Unterstützung. Wer vor dem Kampf, dem Fußball- oder sonstigen Spielen einen Quetschball drückte, wies bessere Leistungen und weniger Fehler auf. Das Ablenkungsmanöver kann sogar Denkblockaden lösen. Der Ball hilft, aufgestaute Aggressionen abzubauen und Übersprunghandlungen in den Griff zu bekommen. Die Motorik während des Quetschens unterstützt außerdem bei der psychologischen Problemverarbeitung.

Wichtig ist, für den Stressball die richtige Hand zu wählen. Rechtshänder quetschen den Ball mit der linken Hand und umgekehrt.

GANZHEITLICHE SELBSTHILFE: ACHTSAMKEIT ALS LEBENSHALTUNG

Die Finger zittern, im Kopf wirbeln die Gedanken durcheinander und die Konzentration reicht nur noch für Überschriften. Kennst du das Gefühl, dass es wieder alles zu viel wird? Dass du den Punkt, an dem du die Reißleine hättest ziehen können, verpasst hast? Ja, natürlich kenne auch ich als Hochsensible das Gefühl. Was mir geholfen hat, um dieser Reizüberflutung zu entgehen, ist das Entwickeln von Achtsamkeit. Indem ich genau hinsehe und in meinen Körper hineinspüre, hilft mir diese Methode, mehr Kraftreserven aufzubauen und so zufriedener und weniger erschöpft zu leben. Es handelt sich bei Achtsamkeit keineswegs um spirituellen oder esoterischen Hokuspokus. Viele wissenschaftliche Studien haben bereits belegt, dass Achtsamkeit einen positiven Effekt auf das Gehirn hat. Menschen mit Hochsensitivität haben einen besonders hohen Nutzen von Achtsamkeit, denn sie reagieren bereits auf kleinste Impulse, auch bei Heil- und Entspannungsimpulsen.

Jon Kabat-Zinn, der viel zur Achtsamkeit geforscht hat, definiert Achtsamkeit als eine Form der Aufmerksamkeit. Der Ausübende richtet seinen Fokus auf das, was er in diesem Moment tut. Dabei bewertet er nicht, sondern nimmt nur wahr. Ein Beispiel: Wenn du gerade isst, dann konzentrierst du dich mit allen Sinnen auf das Essen. Üblicherweise sieht unser Alltag jedoch anders aus: Wir fahren von der Arbeit nach Hause und wissen manchmal gar nicht, wie wir dort hingekommen sind. Wir öffnen eine Tafel Schokolade und essen sie nebenbei und plötzlich ist die Verpackung leer. Diese täglichen Phasen des achtlosen Lebens sind häufig verschwendete Lebenszeit.

Die Wurzeln der Achtsamkeit liegen im Buddhismus. In allen buddhistischen Traditionen hat sie auch heute noch einen großen Stellenwert. In den1960er-Jahren begannen sich verschiedene Forscher aus dem Bereich der Psychologie für Achtsamkeit zu interessieren. Seitdem wurden viele Studien über die Wirksamkeit von Achtsamkeit durchgeführt. Die Ergebnisse waren so überzeugend, dass diese Methode inzwischen in Coaching, Prävention und Therapie eingesetzt wird.

Warum ist Achtsamkeit im Beruf wichtig?

Die Arbeitswelt ist im stetigen Wandel. Immer mehr Aufgaben und moderne Geräte halten Einzug am Arbeitsplatz. Die Folge sind häufig Konzentrationsmangel, Stress und körperliche Missempfindungen wie Kopfschmerzen und Verspannungen, nicht nur bei hochsensiblen Berufstätigen. Durch mehr Achtsamkeit kannst du diese schneller erkennen und dadurch früher bekämpfen. Auch nach der Arbeit entspannen wir uns häufig durch Computer, Handy und Fernseher – also durch Ablenkung, nicht durch bewusstes Hinsehen und Erleben, das uns erdet und dafür sorgt, dass unsere Gedanken nicht ständig zu ungelösten Problemen schweifen, sondern dass wir Kraft tanken, um diese Probleme am nächsten Tag mit frischer Energie erneut anzugehen.

Ein weiterer Punkt, der uns über längere Zeit in die Erschöpfung führt, ist das »Surface Acting«, das sogenannte Oberflächenhandeln. Demgegenüber steht das »Deep Acting«, das Tiefenhandeln. Beim Oberflächenhandeln werden negative Gefühle empfunden, anderen Menschen gegenüber jedoch positive vorgespielt. »Gute Miene zum bösen Spiel« oder »so tun, als ob« – du weißt sicher genau, was ich meine, denn gerade im beruflichen Umfeld es dies weit verbreitet. Bei einigen Menschen geschieht dies sogar unbewusst, sie haben sich so sehr in ihre Maske hineingelebt, dass sie ihre wahren Gefühle nicht mehr wahrnehmen. Auch ihnen wird mehr Achtsamkeit helfen, ihre tieferen Gefühle wiederzufinden.

Durch Achtsamkeit steigt die Wahrnehmung für deine Wünsche und Bedürfnisse – das ist im Arbeitsleben ebenso wichtig wie im Privatleben. Dadurch kannst du sicherer und schneller Entscheidungen treffen. Zudem sind diese Unsicherheiten häufig ein Grund, zu grübeln und sich Sorgen zu machen. Wer weiß, was er will, ist psychisch stabiler. Die Zeit, die du jetzt mit Grübeln über Entscheidungen verbringst, kannst du dann konstruktiver verbringen.

Achtsamkeit ist für jeden sinnvoll. Sie setzt jedoch voraus, dass der Praktizierende sich auf die Übungen einlässt. Wer sich nur durch Zwang oder mit dem Gedanken, dass die Übungen sowieso nichts bringen, mit Achtsamkeit beschäftigt, dem wird sie wahrscheinlich auch nicht helfen. Schon kleine Übungen können viel bewirken, doch ist ein angeleiteter Kurs bei einem Achtsamkeitslehrer gerade bei hochsensiblen Menschen mit ihrer Neigung zu Zweifeln sehr zu empfehlen.

Wie viel Achtsamkeit pro Tag muss sein?

Es gibt kein »Muss«, allerdings ist auch Achtsamkeit eine Übungssache. Je häufiger du Achtsamkeitsübungen praktizierst, desto wirkungsvoller wird es. Am besten nimmst du dir jeden Tag 15 Minuten Zeit, um kleine Übungen durchzuführen. Für kurze Zeit innehalten und auf die eigenen Bedürfnisse achten, kostet nicht viel Zeit, hat jedoch einen großen Effekt. Auch gibt es viele Gelegenheiten, achtsam zu sein, für die du keine zusätzliche Zeit benötigst. Du gehst einfach deinen normalen Tätigkeiten nach, achtest aber darauf, was und wie du dies tust. Wichtig dabei ist nur, dass du nicht bewertest, sondern die Tatsachen nur bemerkst. Schon nach wenigen Tagen wirst du merken, dass dir die Übungen leichter fallen, du dich weniger ablenken lässt und dich besser konzentrieren kannst. So wirst du in deiner Arbeitszeit deine Aufgaben besser bewältigen können und dich weniger gestresst fühlen. Natürlich machen die positiven Effekte nicht an der Bürotür halt – auch im Familienleben und in der Freizeit bist du gelassener und fühlst dich insgesamt wohler.

Wie kann Achtsamkeit in den Berufsalltag integriert werden?

Viele Achtsamkeitsübungen benötigen nicht viel Zeit, du kannst sie ganz einfach in deinen normalen Tagesablauf einbauen. Ziel dieser Übungen ist, dass du ganz bewusst bei einer Sache bleibst. Du wirst merken, dass du am Anfang abschweifst. Körperliche Empfindungen, Lärm, Gedanken – alles versucht, deine Aufmerksamkeit zu erhaschen. Das ist nicht schlimm! Lenke deine Aufmerksamkeit immer wieder zurück.

Du denkst, das wäre ganz leicht? Dann versuche zwei Minuten lang, dich nur auf eine Sache zu konzentrieren. Nehmen wir einfach deinen eigenen Atem. Schließe dazu die Augen oder fixiere einen unbeweglichen Punkt. Dann achte darauf, wie dein Atem durch die Nase in deine Lungen einströmt. Achte darauf, wie er sich in der Nase anfühlt. Wie fühlt er sich im Brustkorb an und wie in deinem Bauch?

Na? Hat zwischendurch dein Magen geknurrt und du hast an die Kantine gedacht? Oder an das nächste Meeting? Falls dir das passiert sein sollte, ärgere dich nicht: Das geht den meisten Menschen so. Bemerke es und wende dich wieder deiner Aufgabe zu. Mit ein wenig Übung wirst du deine Aufmerksamkeit länger fokussieren können. Das Schöne dabei ist: Dieser Effekt ist nicht nur auf die Übungen beschränkt. Auch in anderen Situationen wirst du dich besser konzentrieren können und so mehr Aufgaben erledigen können, ohne erschöpft zu sein.

Diese Haltung hilft auch in schwierigen Situationen. Bei Konflikten am Arbeitsplatz oder in der Familie kannst du dadurch innerlich einen Schritt zurücktreten und beobachten, wie dich deine Gefühle beeinflussen. Bemerkst du, dass du wütend wirst, kannst du dies wahrnehmen und trotzdem besonnen reagieren.

Kleine Übungen für den Arbeitsalltag

Die folgenden Übungen sind so konzipiert, dass sie dich durch den gesamten Tag begleiten können. Versuche, die Übungen immer mal wieder in deinen Alltag zu integrieren, auch wenn du keinen Stress hast. Neben diesen Beispielen gibt es natürlich viele weitere Möglichkeiten, Achtsamkeit zu praktizieren. Einige Übungen werden dir nicht zusagen, andere hingehen schon. Finde heraus, welche Übungen für dich richtig sind. Gehe mit offenen Augen durch die Welt und versuche zwischendurch immer mal anzuhalten und in dich hineinzuhorchen. Gib dir dabei Zeit, auch kleine Veränderungen geschehen nicht über Nacht. Wenn du dich darauf einlässt, kannst du deine Lebensqualität erhöhen und das Hamsterrad der Arbeit wesentlich abbremsen.

Achtsam in den Tag starten

Für viele Menschen beginnt ein Tag laut und hektisch: Der Wecker klingelt und nun heißt es: schnell frühstücken, schnell Zähne putzen, schnell zur Arbeit. Allerdings wirkt sich der Start häufig auf den ganzen Tag aus. Beginne ihn deswegen besser gelassen. Und das geht so: Bleibe zunächst im Bett liegen und betrachte das Zimmer. Was kannst du erkennen? Wie sehen die Wände aus? Wie deine Bettdecke? Gehe dann in Gedanken deinen ganzen Körper ab und achte auf deine Empfindungen. Gibt es verspannte Muskeln? Sind Stellen an deinem Körper kälter oder wärmer als andere? Achte auf alles, was dir auffällt. Mit welchen Emotionen startest du in den Tag? Nimm alles wahr, ohne es zu bewerten. Setze dich dann auf die Bettkante und nimm fünf tiefe Atemzüge.

Achtsam essen

Schnelles Essen, möglichst während der Fernseher läuft: So sieht bei einigen der Alltag aus. Doch dadurch wird das Essen nicht genug gekaut und die Verdauung wird erschwert. Zudem bringen wir uns so um den Genuss und den Geschmack des Essens. Achtsames Essen beginnt schon auf dem Teller. Betrachte dein Essen genau. Was liegt dort? Welche Farben hat es? Wie riecht es? Nimm nun einen Bissen und achte auf die Temperatur, den Geschmack und die Konsistenz des Essens. Wie verändert es sich? Warte kurz, bevor du den nächsten Happen nimmst. Versuche auch hier, nicht zu bewerten. Gedanken wie: »Das ist widerlich« oder auch »Ich liebe das« sind Bewertungen, die jetzt keinen Platz haben sollten. Kannst oder möchtest du nicht die ganze Mahlzeit achtsam essen, etwa weil du mit Kollegen isst, versuche zumindest den ersten Bissen achtsam zu essen.

Achtsam warten

Die kleinen Pausen des Tages kennt jeder: An der Ampel, an der Supermarktkasse oder beim Starten des Computers. Dies sind hervorragende Augenblicke, um Achtsamkeit zu trainieren. Achte auf deine Gefühle. Wirst du nervös? Oder ist dir langweilig? Nimm die Emotionen an, so wie sie kommen, und bewerte sie nicht. Beobachte, was sie mit deinem Körper machen. Beginnst du vielleicht, mit den Fingern auf einer Oberfläche zu klopfen? Merkst du, wie sich deine Muskeln anspannen? Beobachte dies und versuche gezielt dagegenzuwirken. Schon winzige Gewichtsverlagerungen können helfen, deine Muskeln zu entspannen. Probiere es einfach aus.

Achtsam betrachten

Wir sind mit den uns umgebenden Gegenständen so vertraut, dass wir ihnen keine Aufmerksamkeit mehr schenken. Doch genau das sollten wir tun. Nimm dir beispielsweise ein Blatt von einem Baum, einen Stift oder ein Glas und betrachte sie, als hättest du sie noch nie gesehen. Was siehst du? Schließe die Augen und befühle den Gegenstand. Welche Temperatur hat er? Wie ist die Oberfläche beschaffen: Ist er glatt, rau, uneben oder kantig? Fühlt sich eine Stelle unterschiedlich an, je nachdem, welche Finger du nutzt? Hat er Ecken?

KENNST UND LEBST DU DEINE BERUFUNG?

◇◇◇◇

Ein feines Gefühl lässt sich so wenig lernen wie ein echtes. Man hat es, oder man hat es nicht.

THEODOR FONTANE

Immer mehr Menschen suchen ihre Lebensaufgabe und wollen verstehen, was der Sinn ihrer Existenz ist. Sie erkennen die Einseitigkeit ihrer Gewohnheiten und Denkprozesse. Sie bemühen sich, umzudenken, andere Wege zu gehen, sich neu zu orientieren. Sie machen sich auf die Sinnsuche. Da dieser Zustand aber meist mit Unsicherheit, Unklarheit und Unterlegenheit einhergeht, tut Sinnfindung not. Die Sinnhaftigkeit der eigenen beruflichen Tätigkeit ist für viele hochsensible Menschen essenziell wichtig.

Suchen kann einhergehen mit Aussuchen und Untersuchen. Und »Finden« muss nicht gleichzeitig bedeuten, etwas vorzufinden und sich damit abzufinden. Viel wichtiger ist es, dein eigenes Empfinden zu schulen, vor allem im Hinblick auf deine Freiheit. Denn die kannst du wirklich finden, hier und jetzt – in dir selbst. Spätestens in der Lebensmitte, wenn die ersten beruflichen Ziele erreicht sind und die Anspannung abfällt, werden sich viele bewusst, dass das Leben noch andere Facetten hat. An die Stelle des Zugewinns an Macht und Einfluss tritt dann die Frage, was man der Welt weiterzugeben hat. In der Antwort findet sich der Lebenssinn, die Lebensaufgabe, die Berufung!

Stellst du dir die Sinnfragen?

Viele hochsensible Menschen fragen sich: »Was bleibt von mir, wenn ich einmal nicht mehr bin?« Wir laufen alle dem Glück hinterher, und nur die wenigsten haben das Gefühl, anzukommen. Unser Anspruch ist oft zu hoch. Wir neigen dazu, Glück als Maximierung von Lust anzusehen und nur die Höhen gelten zu lassen. Die Tiefen, Schmerz oder Traurigkeit müssen ausgeschaltet werden. Dabei ist es ungeheuer stressig, Glück als Dauerzustand anzustreben. Und dass Stress Gift für hochsensible Menschen ist, haben wir längst erkannt.

Was aber hat denn wirklich Bestand? Wir sind alle auf der Suche, ob gelegentlich, immer wieder oder permanent. Nach kleinen Dingen des Alltags halten wir ebenso Ausschau wie nach den großen Themen, wie Anerkennung, Sicherheit, Liebe usw. Je weniger wir finden, was wir suchen, desto mehr sehnen wir uns danach. Diese Sehnsucht treibt uns schließlich zu Ersatzhandlungen, die jedoch nur kurzzeitig Befriedigung schaffen.

Der Sinn des Lebens gibt dem Menschen seine individuelle Bedeutung und vor allem Erfüllung. Jeder hat das Recht, diese zu suchen und zu finden. Es scheint, dass in unserer immer kleiner werdenden, technisierten Welt der Sinn mehr und mehr abhandenkommt. Globalisierung, Produktivität, Gewinnmaximierung und Vernetzung sind derart wichtige Schlagworte für unsere Gesellschaft geworden, dass für das einzelne Individuum die persönliche Entwicklung und vor allem seine Sinnsuche mehr und mehr in den Hintergrund rücken. Man hat zu funktionieren und nicht nach »Höherem« oder gar dem Sinn des Lebens zu suchen …

Die Suche nach der persönlichen Berufung, die tiefe Sinnsuche ist für jeden Menschen etwas Elementares, für das sich jedermann genügend Zeit und Muße zugestehen sollte. Du musst aber nicht gleich von einer Berufung oder Bestimmung sprechen, wenn es um den Sinn in deinem Leben geht. Für manche ist das auch ein zu großes Wort. Andere verstehen darunter Antworten auf so verschiedene Fragen wie »Was will ich?«, »Welcher Job ist der richtige für mich?« bis zu »Was macht mich glücklich, was brauche ich für mein Leben?« Und als vielbegabte Scanner-Persönlichkeit kannst du sogar mehrere Berufungen gleichzeitig oder nacheinander haben. Viele Hochsensible sind gleichzeitig vielbegabt, wobei ich die Hochsensibilität selbst als eine Form der Hochbegabung betrachte: Die Hochbegabung der Sinne.

Für mich ist eine Bestimmung oder Lebensaufgabe eine Antwort auf das Potenzial, das ich in mir trage. Es ist etwas, für das ich durch mein Leben, meine Fähigkeiten und Erfahrungen geprägt worden bin. Es ist ein Bedürfnis, das sich durch meine Stärken und meine Persönlichkeit ergibt. Dieses Bedürfnis in mir will gelebt werden. Sicher auch in dir.

Deine Berufung, deine Lebensaufgabe, kannst du nur finden, wenn du deine eigenen Werte kennst und damit erkannt hast, worum es dir in deinem Leben wirklich geht. So wirst du deinen eigenen Maßstab festlegen und konsequent leben können. Nun gibt es noch einige andere Überlegungen, die ich mit dir anstellen möchte, um das Thema »Wie finde ich meine Berufung?« zu vertiefen.

Beruf und Berufung müssen nicht identisch sein

Einen Beruf auszuüben, der auch gleichzeitig als Berufung empfunden wird, gilt vielen als Ideal. Aber nicht jeder Mensch kann Arzt, Künstler, Geistlicher oder Wissenschaftler werden. Es gibt jedoch eine Reihe anderer Aufgaben, für die wir uns berufen fühlen und in denen wir Erfüllung finden können. Ich lade dich ein, deine eigenen Vorstellungen von Berufung einmal dahingehend zu überprüfen, ob du glaubst, dass Berufung immer mit Erwerbstätigkeit verbunden sein muss. Wer sagt, dass es nicht möglich ist, dass du einerseits einer Erwerbstätigkeit nachgehst und andererseits daneben eine Aufgabe hast, die du als deine Berufung begreifst? Wenn du auch hier groß denkst und fühlst, wirst du deine Berufung viel leichter finden, als wenn du glaubst, dass sie in einer 40-Stunden-Arbeitswoche gelebt werden muss. Das kann sein, muss aber nicht sein.

Berufung: Missverständnisse über das Angestelltsein

Das Missverständnis, dass das Leben als Angestellter negativ ist, hält sich hartnäckig. Nein, ein Angestellter befindet sich nicht auch automatisch in einem Hamsterrad und muss unbedingt unglücklich sein, weshalb für ihn die einzige Lösung eine Selbstständigkeit zu sein scheint. Vielleicht geht es für dich vielmehr darum, dass du erkennst, ob es genau dieser Job an dieser Stelle ist, der dich ausfüllt, oder ob du etwas verändern musst, indem du eine andere Stelle suchst.

Wenn du erkannt hast, dass es nicht die Stelle oder die Art der Tätigkeit, sondern das Los ist, das mit dem Leben als Angestellter verbunden ist, was dich unzufrieden macht, kannst du immer noch über Selbstständigkeit nachdenken. Natürlich tust du das dann überlegt, jedoch konsequent. Im vorletzten Kapitel erfährst du mehr über die Möglichkeiten zur Selbstständigkeit.

ERKENNTNISFRAGEN AN DICH: FINDE DEINE BERUFUNG

Wenn du deine Berufung finden möchtest, dann musst du dich mit deinen eigenen Interessen und Zielen auseinandersetzen. Das heißt, du musst herausfinden, wo deine Stärken liegen, welche Interessen dich auszeichnen und was dich antreibt und motiviert. Hierfür stelle ich dir nun einige zentrale Fragen, die du dir selbst gegenüber ehrlich beantworten sollst.

1. **Was macht mir Spaß?**
   Was tue ich gerne? Was wollte ich als Kind werden? Was mache ich freiwillig? Bei welchen Themen und Tätigkeiten habe ich gute Laune? Was wollte ich schon immer mal tun? Was würde ich tun, wenn ich unendlich viel Geld hätte?

2. **Was bedeutet mir etwas?**
   Was gibt meinem Leben einen Sinn? Wofür setze ich mich gerne ein? Was möchte ich mit meiner Lebenszeit und -energie wirklich bewegen? Woran hängt mein Herz? Wofür möchte ich bekannt sein? Was treibt mich an?

3. **Was sind meine Stärken?**
   Worin bin ich wirklich gut? Womit mache ich anderen eine Freude? Was gelingt mir stets besonders gut? Mit welchen

Gegenständen habe ich gerne zu tun? Was zeichnet mich aus?
Schreibe die Antworten auf und untersuche sie anschließend auf Überschneidungen. Auf diese Weise kannst du nicht nur deinem Traumberuf näher kommen, sondern auch ein Studien- oder Ausbildungsfach wählen. Der Glaube an dich und die aktive Förderung deiner Stärken ergibt wahres Empowerment.

WORAN MERKST DU, DASS DU DEINE BERUFUNG GEFUNDEN HAST?

Manche sagen, die Berufung offenbart sich uns als innere Stimme wie ein nachdrücklicher Ruf. So empfinden es meist religiöse und/oder spirituell orientierte Menschen. Nicht jedem ist die Sensibilität gegeben, die eigene Berufung ohne Unterstützung aufzuspüren, anzunehmen und umzusetzen. Da sind manchmal Irrungen und Wirrungen auf dem Lebensweg und auf der beruflichen Laufbahn vorprogrammiert.

Aber es gibt viele Beispiele dafür, dass sich wahre Berufung über fast alle Hindernisse hinwegsetzt, beispielsweise über soziale oder intellektuelle Hürden. Auch Lebensalter und Gesundheit können Spätberufene unter Umständen hindern, aber selten wirklich aufhalten. Wer eine Berufung spürt, folgt diesem Signal, etwas Bestimmtes anzupacken, Ziele zu erreichen, da zu sein für andere.

Die Berufung zur Fürsorge, zur Liebe und zum Leben sollte in jedem Menschen tief verankert sein. Nicht bei jedem erkennst du dies auf Anhieb, weil manche verhärtet, desorientiert oder verblendet sind. Bei den Berufenen spürst du eine Begeisterung, einen Elan und eine Kreativität, die oft sehr beeindruckend und mitreißend ist. Dabei kann es sich um eine Person handeln, die physiotherapeutisch tätig ist, sich sozial oder aufklärerisch engagiert, beispielsweise als Berater, Coach, Ermittler oder Schriftsteller. Der Ausdruck ist ein wenig altmodisch, aber du wirst ihn kennen: Menschen mit einer Berufung haben sich einer Sache verschrieben – der Wahrheit, der Gerechtigkeit, der Gesundheit oder der aktiven Lebenshilfe und Pflege.

Es gibt viele Berufene in unserer Gesellschaft. Von diesem Geist und einer solchen Haltung können die unterschiedlichsten Berufstätigen gesteuert werden: Krankenschwestern ebenso wie Sterneköche, Marktfrauen mit Bioprodukten und Manager in karitativen Organisationen, Lehrer, Modeschöpfer, Streetworker, Musiker oder Kinder- und Altenpfleger, um nur einige Beispiele zu kennen. Hinzu kommen die Millionen ehrenamtlichen Helfer, die viele Organisationen am Laufen halten – etwa bei der Betreuung von Verbrechensopfern, der Beratung in sozialen Fragen und beim Beantragen von Unterstützung, bei der Seelsorge im Gespräch oder im Bereich des Sports. Es geht nicht darum zu bewerten, welche Berufung am höchsten wiegt – entscheidend ist, wie authentisch der Mensch sie annimmt und mit ihr umgeht.

So merkst du, ob du mit deiner Berufung eine harmonische Einheit bildest: Am Anfang steht der Tag, an dem du die Berufung erkennst, die dir in die Wiege gelegt wurde. Auslöser für diese Erkenntnis können gravierende Ereignisse wie sozialer Abstieg, Verlust des Partners oder einer geliebten Person und vieles mehr sein. Häufig tritt sie erst in der Lebensmitte oder später ein. Hast du deine wahre Mission oder Aufgabe erkannt, gibt es zahlreiche Anzeichen dafür, dass dir Steine aus dem Weg geräumt werden. Du bekommst auf einmal das Gefühl, als fügten sich die Dinge wie von selbst, als würdest du sicher geführt, die richtigen Schritte zur rechten Zeit zu machen.

Es kann auch sein, dass du zeitweise vom Kurs abweichst, dich auf Nebenschauplätzen aufhältst oder durch eine kleine Pechsträhne entmutigt wirst. Handelt es sich bei deiner Motivation, deinem Leben eine neue Richtung zu geben, um Berufung? Oder ist es nur eine Phase? Solche zweifelnden Gedanken sind völlig normal.

Letzte Zweifel werden verfliegen, wenn du spürst, wie du auf eine magische Weise auf den Weg zurückgeführt wirst, auf dem du eins bist mit deiner Berufung. Glaube nicht, dass es mit großer Anstrengung verbunden sein muss, wenn du das tust und vorantreibst, wofür du dich berufen fühlst. Im Gegenteil: Je leichter dir die Dinge von der Hand gehen, desto deutlicher zeigt sich, dass du ein Mensch bist, der sich mit seiner Berufung im Einklang befindet. Genieße die Leichtigkeit des Seins auch bei schweren Aufgaben!

Es gibt noch mehr Merkmale, die dir bestätigen, dass du auf dem richtigen Weg bist.

- Es wirkt sich positiv auf deine Gesundheit und deine gesamte Konstitution aus. Du gewinnst an Spannkraft und physischer und mentaler Leistungsfähigkeit. Damit erkennst du ein weiteres Indiz dafür, dass du deine Berufung gefunden hast.
- Es ist gut möglich, dass sich deine Finanzlage verbessert, beispielsweise dadurch, dass du deine Lebensaufgabe klar definiert und andere davon überzeugt hast. Sei außerdem gewiss, dass die Seelenruhe, mit der du jetzt Krisen meis-

terst, auch damit zu tun hat, dass deine Berufung dich zuverlässig leitet.

- Alles, was wir gern tun, wofür wir uns begeistern oder wofür wir starke Empathie empfinden, wird uns selten zu viel. Du wirst staunen, was du alles schaffen kannst, wenn du deiner Berufung entsprechend handelst. Langeweile, Frustration und Lustlosigkeit wirst du nicht mehr kennen und Reizüberflutung wird nur sehr selten auftreten können.
- Praktische Hilfe wird dir auf einmal angeboten oder zuteil, materielle und ideelle Unterstützung. Menschen, die ihre Berufung gefunden haben, treten überzeugend auf und setzen sich hundertprozentig für ihr Anliegen ein. Zeigst du auch deine Schwachstellen, dann wird es dir an Beistand nicht mangeln.

WENN ES DEINE BERUFUNG IST, ANDEREN ZU HELFEN

Es gibt kaum etwas Besseres, als etwas zu tun, das auch andere bewegt. Ganz egal, ob beruflich oder privat. Wenn du tagtäglich etwas tust, das anderen Menschen hilft und sie weiterbringt, wird das deine Zufriedenheitsskala sehr schnell in die Höhe schnellen lassen. Es wird dich glücklich machen, andere Menschen zu unterstützen. Der Sinn liegt darin, dich mit ihnen zu verbinden und mit deinem eigenen Tun die Menschen zum Erkennen, Denken und Handeln zu bringen. Du musst es nicht jedem recht machen und es müssen dich auch nicht alle gut finden. Rede und handle für die Menschen, die dir gleichgesinnt sind.

ACHTE AUF DEINE SELBSTFÜRSORGE

Als hochsensibler Mensch wirst du leicht dazu neigen, dich zu vergessen und die Interessen anderer Menschen über deine eigenen zu stellen. Nur wenn du gut und liebevoll für dich selbst sorgst, kannst du auch einen fruchtbaren und harmonischen Austausch in deinem beruflichen und privaten Umfeld erleben, ohne ausgenutzt zu werden. Wenn du achtsam gegenüber deinen eigenen Bedürfnissen bist, hat das nichts mit Egoismus zu tun, sondern ist eine wichtige Grundvoraussetzung für ein zufriedenes Leben als Hochsensibler.

Fürsorge bedeutet, für jemanden zu sorgen. Auch besonders sensible Menschen beziehen den Begriff meist nicht auf sich selbst, sondern auf andere Wesen, die schutzbedürftig sind. Viele hochsensible Menschen sind in die Welt hinausgegangen, um sie zu verbessern. Sie wollen anderen helfen, sie unterstützen, ihr Leben erleichtern und sie nehmen auch die unausgesprochenen und unbewussten Bedürfnisse anderer genau war. Oft besser als die eigenen.

Die Selbstfürsorge ist für hochsensible Menschen im Beruf aber ein MUSS. Kein KANN oder SOLLTE. Nein, wenn du als Hochsensibler zufrieden arbeiten willst, ohne ausgenutzt oder ausgelaugt zu werden, musst du zuerst (immer) an dich selbst denken, denn sonst kannst du für andere nicht wirklich ausgeglichen da sein.

LERNE VON MENSCHEN, DIE ES BEREITS POSITIV BEWIESEN HABEN!

Du solltest nur von Menschen lernen, die das, was du wissen, können oder tun möchtest, bereits erreicht haben. Schau immer dahin, wo du hinmöchtest. Vergleiche dich nicht mit den unglücklichen oder überkritischen Menschen, sondern orientiere dich an den glücklichen und zufriedenen Menschen. Folgst du deiner Berufung und deiner Leidenschaft, dann spürst du nach einiger Zeit ganz sicher, wie deine Intuition immer zuverlässiger wird. Lass deine Intuition ruhig zu und hör auf, zu verbissen zu sein. Wer nur mit dem Kopf denkt, trifft nicht auch automatisch immer die klügeren Entscheidungen.

SEI DEIN EIGENER KARRIERECOACH: STRATEGIEN FÜR MEHR ERFOLG

◇◇◇◇

Ein wahrhaft sensibler und vernünftiger Mensch versucht naturgemäß, wenn ihn Übel und Ungerechtigkeit der Welt bekümmern, zunächst dort gegen sie anzugehen, wo sie am deutlichsten zutage treten, nämlich bei sich selbst. Und damit wird er sein Leben lang beschäftigt sein.

FERNANDO PESSOA

Es gibt viele Möglichkeiten, die du anwenden kannst, um mögliche Stolperfallen für hochsensible Menschen auf dem Weg zu einer befriedigenden Karriere, beruflichem Erfolg und innerer Arbeitszufriedenheit zu bewältigen. Ich stelle dir nun weitere Strategien vor, die du ganz für dich allein umsetzen kannst.

ENTWICKLE DEINE PERSÖNLICHKEIT MIT SELBSTCOACHING

Kannst du dir selbst die richtigen Fragen stellen, um weiterzukommen? Was ist mit deiner Karriere – steckst du fest oder sagen dir deine Mitmenschen, du steckst fest? Heutzutage sind Selbstaufmerksamkeit und Persönlichkeitsentwicklung enorm wichtig. Es handelt sich hierbei aber nicht um einen zu vernachlässigenden Trend, sondern es geht dabei um ein neues Level an Lebensqualität. Du kannst durch Persönlichkeitsentwicklung zu deinem wahren inneren Ich finden und glücklicher, selbstbestimmter leben. Selbstcoaching ist ein Weg dazu. Zuerst erkläre ich dir, was mit Selbstcoaching gemeint ist und welche Voraussetzungen du für das Selbstcoaching mitbringen solltest. Dann berichte ich dir, was dich erwartet auf dem Weg zu dir selbst und wie du durch Selbstcoaching deiner echten beruflichen Bestimmung näher kommen kannst. Lebst du deine Karriere oder erfüllst du nur die Erwartungen um dich herum? Es ist eine spannende Reise, kommst du ein Stück mit?

Selbstcoaching, Selbsthilfe oder Coaching?

Selbstcoaching ist etwas kompliziert zu erläutern, denn der Übergang zur Selbsthilfe scheint naheliegend. Im Grunde ist es das Gleiche, aber dann ist da doch wieder der gravierende Unterschied: Du bist beim Selbstcoaching Gecoachter und Coach in einem. Bei der Selbsthilfe hingegen folgst du den Anweisungen von anderen, ohne dich selbst als Coach zu verstehen. Der wichtige Unterschied liegt in dem großen Maß an Eigenverantwortung beim Selbstcoaching. Werde dein eigener Lehrer, du kannst dich über dein jetziges Ich erheben, dich von außen betrachten und dich selbst zu einer besseren Version deiner selbst führen.

Beim Coaching stehst du wie bei der Selbsthilfe jemandem gegenüber, der die Tools anwendet, die du dir selbst erst beibringen müsstest. Er leitet dich durch die wichtigen Stationen, um größer zu werden. Dabei kann er eine entscheidende Sache, die du allein nur sehr schwer kannst: Ein Coach stellt dir auch unangenehme Fragen und bohrt so lange, bis du eine Antwort findest. Du musst dich nicht selbst aus deiner Komfortzone pushen. Das ist wahrlich schwer. Zudem ist es bewiesen, dass Gespräche für den Wachstumsprozess immens wichtig sind. Selbstcoaching und Coaching ergänzen sich daher hervorragend.

Du kannst diese Methode der Persönlichkeitsentwicklung übrigens nicht nur mit einem geschulten Coach durchführen, sondern du kannst auch einen beliebigen anderen Menschen darum bitten – vorausgesetzt, er hört gut zu und hilft dir, Fragen zu formulieren, die dir dabei helfen, dich besser kennenzulernen und zu hinterfragen. Jeder Form von Einspruch, Wertung oder Meinung sind nicht erlaubt. Sie würden dir nur eine fremde Meinung aufbürden. Was aber unbedingt erwünscht ist, sind Fragen, die dich an die bisherigen Grenzen bringen, Fragen, die dich zur Selbstreflexion führen, weil sie provozierend sind.

Ganz allein geht es nicht: Die Relevanz von Gesprächspartnern

Du kannst dich mit aller Kraft an deine Persönlichkeitsentwicklung machen und doch wirst du völlig allein scheitern. Das liegt daran, dass du Reize und Input brauchst, um deinem Gehirn überhaupt einen Horizont zu bieten, außerhalb dessen, was es kennt. Du brauchst also in jedem Fall gute Gesprächspartner, um dir deiner selbst bewusst zu sein. Wenn du nur mit dir bist, fehlt dir die Fremdwahrnehmung.

Das heißt aber nicht, dass du es nicht ohne Freunde, Partner oder Familie schaffen kannst. Du kannst auch dein Umfeld wechseln oder in Betracht ziehen, jemanden dafür zu bezahlen, dir zuzuhören. Selbst ein Hund kann wahre Wunder wirken (kein Spaß!). Denn Aussprechen und Denken sind nicht dasselbe.

Voraussetzungen für das Selbstcoaching

Um erfolgreich allein an dir selbst arbeiten zu können, musst du wissen, dass es etwas gibt, an dem du arbeiten solltest. Das bedeutet, deine Selbstwahrnehmung sollte schon ziemlich gut ausgeprägt sein. Du brauchst also keine Hinweise mehr, die dich erst einmal ein Problem erkennen lassen, sondern du weißt bereits darum – und möchtest das ändern.

Bist du bereit, dir selbst so richtig unbequem zu werden? Schaffst du es, dich selbst zu piesacken mit Fragen, über die du bisher vermieden hast nachzudenken? Wenn die Antworten Ja lauten, dann kannst du sehr gut dein eigener Coach werden. Bist du zuverlässig? Ein Termin bei einem Coach hat einen Anfangspunkt. Wenn du allein an dir arbeitest, wie sieht das aus? Schaffst du das? Mach mit dir selbst einen Termin und trage ihn in deinen Kalender ein. Damit machst du einen guten Anfang.

Lass dir die Zeit, die du brauchst

Wenn du schon einmal versucht hast zu meditieren, es aber aufgegeben hast, weil du einfach deine Gedanken nicht ausstellen konntest, dann hast du keinen Fehler gemacht. Fang wieder an. Denn es ist so: Wenn du dich immer wieder mit demselben Problem beschäftigst, geistert es latent durch deinen Kopf. Irgendwann, wenn du nicht mehr damit rechnest, wird dir die

Antwort in den Schoß fallen. Beim Meditieren ist das Gehirn voll präsent, damit sich dein Körper entspannen kann – nicht denken zu müssen, ist ein Irrglaube. Du musst die Gedanken nur lernen, ziehen zu lassen. Für uns bedeutet das an dieser Stelle: Gib mit deinem Selbstcoaching nicht zu schnell auf, wenn du nicht schnelle Ergebnisse erzielst. Übe geduldig, bis sich dein Gehirn an neue Denkansätze gewöhnt hat. Du kannst deine eigene Geschichte ändern. Du musst sie dir immer wieder erzählen, bis du sie so verinnerlicht hast, dass du auf einer neuen Grundlage handelst. Das Gehirn ist zu dieser Änderung der Synapsen fähig. Doch diese Transformation braucht Zeit. Schenk sie dir!

Die Bedeutung von Fragen

Fragst du dich ständig Dinge wie: »Warum passiert immer mir das?« Dann solltest du bereit sein, deine Fragen zu überdenken. Im Selbstcoaching fragst du nicht mehr danach, warum dir etwas passiert. Du fragst, was du für Muster aufweist, die dich immer wieder in die gleiche Sackgasse führen, und wie du daraus ausbrechen kannst.

Wieso hast du diesen Job und keinen anderen? Wolltest du überhaupt studieren oder lieber ein Handwerk erlernen? Was erwarten andere von dir und was sind deine eigenen Wünsche? So sehen in Zukunft deine Fragen aus. Für diese Perspektive musst du dir selbst gegenübersitzen können. Ganz ehrlich: Ein Gespräch mit deinem Spiegelbild ist ein nützliches Tool. In meiner Coachingpraxis habe ich immer einen Spiegel genau dort aufgehängt, wo der Klient sich durch eine kleine Drehung direkt anschauen kann.

Tools für dein Selbstcoaching

Ja, es gibt ihn, eine Art Baukasten für dein Selbstcoaching. Mit den verschiedenen Tools, die ich dir hier vorstelle, kannst du dein eigenes Selbstcoaching-Programm erstellen. Wähle aus, was du zu welcher Tageszeit leicht durchführen kannst, was dir Freude bereitet und womit du dir den größten Nutzen vorstellen kannst. Du kannst auch einfach spielerisch ausprobieren, was dir liegt. Erlaube dir Leichtigkeit in deinem Selbstcoaching. So wirst du immer gerne weiter mit den Tools arbeiten.

Die Bestandsaufnahme

Kennst du deine Stärken und Schwächen? Erforsche dich selbst und nimm deine Vergangenheit zur Hilfe. Was haben immer alle über dich gesagt? Was waren deine Rollen in deinen Umfeldern von Schule über Familie bis Sportverein? Was musstest du tun, um von deinen Eltern und Großeltern geliebt zu werden? Frage Freunde und Familie, was sie denken über deine Stärken und Schwächen.

Journaling

Wusstest du, dass viele erfolgreiche Menschen täglich eine Art Tagebuch schreiben? Der Fachausdruck im Coaching dafür ist Journaling. Auf diese Weise klären Menschen ihre Gedanken für sich und lassen sich nicht mehr fremdbestimmen. Sie sehen eine Entwicklung und können sich selbst beobachten. Probier es einmal aus. Es müssen gar keine Romane sein, die du zu Papier bringst. Ziel ist es, dass du deine Gedanken »greifst« und in Worte fasst.

Abschließen

Es stehen auf den Zwischenhalten deiner Reise vielleicht auch noch Gespräche auf dem Fahrplan mit Menschen, die dich zu dem gemacht haben, wie du bis jetzt warst, und die – bewusst oder unbewusst – deine Persönlichkeit unterdrückt haben. Dies geschah sicher nicht im bösen Sinne und genauso solltest du die Gespräche angehen: Sieh sie als Chance, dich auszusöhnen und das geliehene Kostüm zurückzugeben.

Neue Ufer

Akzeptiere, dass du bei einer Persönlichkeitsentwicklung Freunde finden wirst, die zu deinem neuen Ich passen. Es ist ein neues Ufer, und weil Entwicklung ein Prozess ist, wird das Ich dein bestes Ich zu dieser Zeit sein – an einem anderen Ufer wartet zu einer späteren Zeit ein weiteres Ich.

Wer dieses Bild zu blumig findet, für den ist vielleicht ein anderes Bild geeigneter: Unser Gehirn ist wie ein PC. Dieser hat die Chance, mit einem richtigen Programm unsere Emotionen zu kontrollieren. Wird er aber von Emotionen und Erlebtem wie von einem Virus beeinträchtigt, kann der Computer das nicht mehr. Es ist Zeit, ein Virusprogramm darüberlaufen zu lassen und aktuelle, brauchbare Programme für nützliche Funktionen zu installieren. Beim Selbstcoaching brauchst du dafür keinen Computerfachmann – du bringst es dir selbst bei.

Du hast in den vorherigen Kapiteln sicher schon mehrere Schmerzpunkte für dich erkannt und fragst dich vielleicht, wie du am besten beginnst. Neben den bereits genannten Tipps und

Methoden gegen Ängste, Stress und Druck stelle ich dir nun weitere wichtige Maßnahmen zum Selbstcoaching vor. Diese werden vor allem deiner Natur als hochsensiblem Menschen gerecht und entsprechen den Potenzialen, die in der Empfindsamkeit liegen.

Natürlich kannst du nicht alle »Baustellen« auf einmal bearbeiten. Das erzeugt wieder nur zusätzlichen Druck und Stress. Mein Tipp: Beginne mit einem relativ leichten Thema, damit die Wahrscheinlichkeit groß ist, dass du schnelle Erfolge bemerkst. Das wird dich dazu ermutigen, weiter deine Karriere aktiv zu gestalten. Wenn du das Gefühl bekommst, selbstständig etwas zu bewirken, wird deine Selbstverantwortung steigen – und damit wird das Gefühl sinken, hilflos den beruflichen Gegebenheiten ausgeliefert zu sein. Fangen wir mit einem wichtigen Aspekt an, der viele empfindsame Menschen betrifft.

LERNE LOSZULASSEN

Der Mensch neigt dazu, Dinge zu behalten und zu bewahren. Vor allem Hochsensible möchten gerne das sichern, was ist, da Veränderungen zunächst Unsicherheit hervorrufen können. Dabei merkst du schnell, dass das Festhalten an etwas, was sich längst überlebt hat, viel Anstrengung kostet. Richtigerweise raten liebevolle Menschen aus deinem Umfeld, die deine Anstrengung bemerken, dir dann vielleicht zum Loslassen. Aber das ist bei Weitem nicht so einfach ist, wie es sich anhört.

Darum ist Loslassen so wichtig

Es spielt kaum eine Rolle, ob es sich um einen Menschen handelt, um gewohnte Situationen und Abläufe oder um Gegenstände, an denen dein Herz hängt. Angesammelte Dinge, eingefahrene Gewohnheiten und zwanghaftes Klammern können wie Ballast auf der Seele liegen. Loslassen lernen ist dann ein wichtiger Prozess. Das geht nicht von heute auf morgen, aber mit der Zeit und den richtigen Strategien wird es dir immer besser gelingen.

Jeder Mensch geht anders mit Veränderungen um, wobei gerade sehr sensible Menschen Veränderungen oftmals nicht mögen. Veränderungen bedeuten in der Regel auch, dass wir unsere Komfortzone verlassen und uns für neue Dinge öffnen müssen. Routine und Gewohnheiten vermitteln ein Gefühl von Geborgenheit und geben Sicherheit. Dabei zeigt die Realität, dass Veränderungen beinahe jeden Tag geschehen, auch wenn du sie nicht immer unmittelbar spürst.

Beim Loslassen kommt es aber zwangsläufig zu einer Reaktion, denn auf irgendeine Art und Weise reagierst du auf das, was gerade geschehen ist. Wenn du loslässt, dann akzeptierst du in diesem Moment das, was geschieht, auch wenn es deinen eigenen Vorstellungen widerspricht. In dir wächst Einverständnis mit dem, was ist, und das ist der Beweis für eine reife und kraftvolle Persönlichkeit.

Loszulassen testet gewissermaßen deine Widerstandskraft. Bist du in der Lage, dich auf das Neue einzulassen? Loslassen geht mit Vertrauen einher, denn der Mensch muss darauf vertrauen, dass das Leben weitergeht und die Zukunft »trotzdem« positiv verläuft.

Festgehalten wird von hochsensiblen Menschen meist alles das, was ihnen ans Herz gewachsen ist. Die Liste »Das will ich auf jeden Fall behalten« ist vielfältig und natürlich individuell sehr verschieden, jedoch gibt es einige Klassiker, bei denen die meisten Menschen klammern. An erster Stelle steht auf dieser Liste natürlich der Mensch, der Liebgewonnene, der Herzmensch. Familienmitglieder, Beziehungen und Freundschaften stellen die engsten Verbindungen von Mensch zu Mensch dar. Kommt es zu einer unfreiwilligen Trennung oder einem Todesfall, steht das Thema Loslassen auf einmal ganz oben und kann zu einer der größten Herausforderungen in deinem Leben werden.

Schwer loslassen kannst du vielleicht auch von deinen Träumen und Wünschen. Träume und Wünsche sind etwas Großes und oftmals jagen wir ihnen ein ganzes Leben lang hinterher. Natürlich ist es wichtig, dass man seine Wünsche und Träume zielstrebig verfolgt und auch effektiv versucht, diese in die Realität umzusetzen, allerdings kann man sich auch schnell verbeißen und verrennen. Manchmal ist Loslassen einfach die bessere Wahl. Den alten Ballast von sich werfen und einen neuen Plan oder ein neues Ziel verfolgen, kann der Schlüssel zum lang ersehnten Erfolg werden.

So kannst du besser loslassen

Wenn du lernen willst, wie man loslässt, dann benötigst du realistischen Optimismus und Zuversicht. Auch wenn Loslassen sich in der ersten Phase selten gut anfühlt, denn man gibt ja schließlich etwas frei oder her, was man gerne behalten hätte, kann daraus etwas Großes entstehen.

Halte dir deine Zukunft vor Augen

Mit dem Blick auf deine Zukunft kommst du nicht in die Versuchung, ständig in deine Vergangenheit zu blicken, um dich dort möglicherweise an bestimmte Erfahrungen oder Erinnerungen zu klammern. Die Gegenwart und die Zukunft bestimmen dein Sein. Alles andere darfst du als Erinnerung bewahren. Die Fokussierung auf deine Gegenwart und damit die Gestaltung deiner Zukunft werden deiner Karriere als Hochsensibler mehr nützen als der Blick zurück.

Lerne, dir selbst zu vergeben

Natürlich gibt es auch Erfahrungen in der Vergangenheit, bei denen du das Gefühl hast, versagt zu haben. Wir alle kennen das: Da war vielleicht eine Fehlentscheidung, eine Entscheidungsschwäche, ein Zögern oder ein unbedachtes Handeln, was zu einer negativen Erfahrung geführt hat. Irgendwann ist es auch an der Zeit, die Schuldgefühle loszulassen und sich selbst zu vergeben, um dann ballastfrei nach vorne schauen zu können.

Akzeptiere die Dinge dankbar

Nimm Veränderungen dankbar an und lerne, sie als Teil deines Lebens zu akzeptieren. Es gibt Dinge im Leben, auf die du so gut wie keinen Einfluss nehmen kannst. Akzeptanz und Dankbarkeit werden dir entscheidend beim Loslassen helfen können.

Gib dir die Zeit, die du brauchst

Loslassen ist ein Prozess, der nicht von heute auf morgen passiert. Es benötigt Zeit und Geduld. Je mehr Erfahrung du damit machen kannst, dass das Leben auch richtig gut und positiv weitergeht, wenn du losgelassen hast, umso leichter wird es dir zukünftig gelingen.

Besinne dich auf deine Chancen

Mach dich frei von der Fokussierung auf Dinge und Umstände, die du sowieso nicht ändern kannst, und richte deinen Blick auf die vielen Chancen und Möglichkeiten, die das Leben noch für dich bereithält. Verschwende deine Energie nicht. Setze sie ein für das, was dich nährt und schützt.

Tausche dich mit anderen aus

Das Loslassen gelingt dir einfacher, wenn du deine Gedanken und Gefühle mit anderen Menschen teilst. Aber achte unbedingt darauf, welche Geisteshaltung diese Menschen haben. Sind sie Bedenkenträger? Negativisten? Pessimisten? Jammerer? Dann behalte deine Gedanken lieber für dich. Sind die Menschen, mit denen du sprechen möchtest, hingegen Optimisten, Unterstützer und Lösungsdenker, dann sind sie die passenden Gesprächspartner für dich.

MEHR MUT TUT GUT, AUCH DER KARRIERE

Mutig sein im beruflichen Umfeld, das mag sich vielleicht erst einmal merkwürdig anhören. Aber Mut ist genau das, was einen Angestellten und auch einen Freiberufler weiterbringt in seinem Job. Nur die Mutigen machen auch Karriere. Zum Mut gehört es übrigens nicht, keine Angst zu haben. Doch wer mutig ist, der stellt sich genau dieser Angst und überwindet sie. Ja, es ist für einen hochsensiblen Menschen nicht immer einfach, zum Chef zu gehen und ihm zu zeigen, wie viel mehr man kann als das, was er schon gesehen hat. Ja, es ist nicht immer einfach, seinen sicheren Job hinter sich zu lassen, und sich mit Hochsensibilität selbstständig zu machen oder ein Unternehmen zu gründen. Doch den Mutigen gehört das Glück, heißt es. Und dies gilt nicht nur für die Liebe, sondern auch für das Arbeitsleben!

Mut beginnt oft im Kleinen

Wer mutig sein will, muss nicht immer gleich das ganz große Projekt angehen. Mut beginnt oft im Kleinen, und da können sich Angestellte auch üben, später bei wichtigeren und größeren Gelegenheiten mutig zu sein. Wenn du nicht frei sprechen kannst, aber dir eine Präsentation bevorsteht, macht dir das vielleicht Angst. Das ist nachvollziehbar, diese Angst kann aber mit Mut überwunden werden. Du kannst deine Präsentation üben, erst vor dem Spiegel, dann vor einer kleineren Gruppe. Such dir dazu Menschen aus deinem Freundeskreis, das sind häufig auch die Menschen, die am ehrlichsten zu dir sind. Vor diesen Menschen halte dann deine Präsentation und werde dabei mutiger. Schau nicht die ganze Zeit auf deine Aufzeichnungen oder auf den Bildschirm, sondern suche dir jemanden von den Zuhörern, der dir augenscheinlich gerne zuhört. Und genau diesen Menschen siehst du dann während deiner Probepräsentation immer wieder an. Bei deiner richtigen Präsentation machst du es genauso. Durch die Probeläufe müsste der Text sitzen. Und jemand, der dir gerne zuhört, der wird dich zugleich ermutigen, noch mutiger zu werden, während du die Präsentation halten wirst.

Mut gehört auch bei einem Bewerbungsgespräch dazu. Sich gut zu verkaufen ist wichtig für dein Bewerbungsgespräch. Du musst dich von deiner besten Seite zeigen und genau das, was du am besten kannst, an den Mann (oder die Frau) bringen. Auch ein solches Bewerbungsgespräch kann gut vorbereitet werden. Du suchst dir dazu jemand aus deinem Freundeskreis, der dich ins Kreuzverhör nimmt. Außerdem kannst du dir über das Internet die wichtigsten Fragen ansehen, die Personaler für Bewerbungsgespräche in deinem Berufszweig stellen, und dazu vorab die Antworten vorbereiten. Es darf nur auf keinen Fall wirken wie auswendig gelernt! Sei mutig in deinem Bewerbungsgespräch. Erzähl dem Interviewer, was du am besten kannst. Und steh nicht nur zu dem, was du kannst, sondern auch zu deinen Schwächen, denn das zeigt, dass du mutig bist. Aber bitte: Du solltest deine (vermeintlichen) Schwächen nicht allzu sehr herausstellen, sondern vor allem deine Stärken als hochsensibler Mitarbeiter hervorheben. Vielleicht fällt dir das (noch) nicht leicht, wenn dein Selbstvertrauen noch nicht ausgeprägt ist, aber auch hier gilt: Übung macht den Meister.

Mut zu zeigen, bedeutet, unabhängig zu sein

Chefs wollen nur Jasager, aber keine Mitarbeiter, die ihnen auch mal Kontra geben? Von wegen! Wer mutig ist, der hat auch das Risiko abgewogen und sich dafür entschieden, dass es das Risiko wert ist. Mut zeigt, dass ein Mitarbeiter (oder Selbstständiger) offen ist für etwas Neues, dass er reflektieren kann und auch seinen Verstand einsetzt, um weiterzukommen. Natürlich gibt es Menschen, und auch Chefs und Kollegen, die Mut eher skeptisch sehen, und den Mutigen argwöhnisch betrachten. Mitunter werden dem Mitarbeiter dann auch Knüppel zwischen die Beine geworfen und dieser dadurch ausgebremst. Sollte dir das so gehen in dem Unternehmen, in dem du arbeitest, dann ziehe auch einen Wechsel in Erwägung. Was zunächst erst einmal als Bremse deiner Karriere aussehen könnte, ist jedoch vielleicht erst recht der Startschuss dazu.

Und wenn du ganz mutig bist, kannst du sogar darüber nachdenken, dich selbstständig zu machen und dein eigenes kleines (oder großes) Unternehmen zu gründen. Wer Mut hat, der kann Risiken besser einschätzen als jemand, der bei allem, was er tut, ängstlich ist, da er mit der Zeit immer erfahrener wird und sich auch nicht von vermeintlichen Risiken und Wahrnehmungsfallen täuschen lässt. Wer Mut hat, hat auch Optimismus und kann sich nach vorne bewegen, anstatt immer wieder den Rückwärtsgang einlegen zu müssen. Das bedeutet nicht, dass es keine Rückschläge geben wird auf diesem Karriereweg. Doch es bedeutet, dich nicht von eventuellen Rückschlägen auf dem Weg zur Erreichung deiner beruflichen Ziele irritieren zu lassen.

Mut zur Existenzgründung

Weit mehr als die Hälfte der Bundesbürger träumt davon, selbst ein Unternehmen zu gründen. Und doch haben viele nicht den Mut dazu. Es sind häufig nicht die Ideen, die für das Gründen fehlen, sondern der Mut. Die größte Hürde, die viele hochsensible Menschen vom Gründen eines eigenen Unternehmens oder der beruflichen Selbstständigkeit abhält, ist die Angst davor, zu scheitern. Diese Angst vor dem Scheitern führt zur Mutlosigkeit, und die wiederum ist größer als die Hauptanreize für das Gründen: ein möglicherweise höheres Einkommen, die berufliche Unabhängigkeit und die Selbstverwirklichung.

Wer wirklich mutig ist, der lässt sich nicht abhalten von der Angst, mit seiner Selbstständigkeit oder seinem Unternehmen zu scheitern. Stattdessen analysiert der mutige Hochsensible die Chancen und Risiken, und wägt beides miteinander ab. Sind die Chancen dann größer als die Risiken, wagt der Mutige den Schritt in seine berufliche Unabhängigkeit. Der Ängstliche hingegen nutzt die beruflichen Chancen nicht und bleibt weiter in der beruflichen Abhängigkeit, die ihm eine sehr fragliche Sicherheit schenkt, ihm aber wahrscheinlich keine berufliche Erfüllung geben wird.

Mut lässt sich lernen!

Wer jetzt denkt, dass Mut etwas ist, was einem in die Wiege gelegt sein muss, der irrt sich. Mut ist etwas, was sich lernen, was sich antrainieren lässt. Wie sich ein Muskel trainieren lässt, damit er sich immer größerer Belastung stellen kann, so lässt sich auch Mut trainieren. Dies ist auch die Ansicht vieler Psychologen, die davon ausgehen, dass Mut vor allem aus Übung und Erfahrung entstehen kann. So können aus einst ängstlichen Hochsensiblen eines Tages mutige Mitarbeiter oder sogar mutige Unternehmer werden. Angst hält Menschen davon ab, ihren Weg zu gehen. Das gilt nicht nur für das Privatleben und das Liebesglück, sondern auch ganz besonders für die eigene Karriere. Wer Karriere machen will, der darf sich nicht von einer Angst davon abhalten lassen, sondern darf lernen, sie in Mut umzuwandeln. Manches Mal bedeutet das, dass du lernen musst, risikoreicher zu sein und zu handeln. Manches Mal bedeutet das auch, dass du einfach ins kalte Wasser wirst springen müssen.

Was willst du sein: Held oder Angsthase?

Mut lässt sich erlernen, wie ich aus eigener Erfahrung weiß und auch weitergeben kann. Wenn du lernen willst, mutig zu sein, gehst du am Anfang erst kleine Schritte. Mit jedem weiteren kleinen Schritt wirst du sicherer und dein Mut wächst weiter. Natürlich gibt es auch Rückschläge, die lassen sich nicht vermeiden. Doch diese Rückschläge werden dich nur dann ausbremsen, wenn du dich von ihnen ausbremsen lässt.

Viele Gründer sind nicht von Anfang an erfolgreich gewesen. Das Gegenteil ist der Fall. Viele Unternehmer sind erst einmal oder sogar mehrfach gescheitert auf ihrem Weg zum Erfolg. Trotzdem sind sie weitergegangen und haben ihren Mut wiedergefunden. Sie sind gescheitert, aber sie haben das nicht als

Ende ihrer Karriere gesehen. Stattdessen haben sie ihre Schlüsse daraus gezogen, damit sie nicht erneut scheitern, sondern mit ihrem nächsten Unternehmen, ihrer nächsten Gründung, ihrem nächsten Karriereschritt den Erfolg haben würden, der ihnen von Anfang an vorgeschwebt hat. Auch du kannst diesen Weg zum Erfolg und zu deiner Karriere gehen. Sei mutig! Und dann sieh, was passieren wird!

NEIN SAGEN IM BERUF – GAR NICHT SO SCHWER!

Sich von anderen Menschen und deren Ansprüchen abgrenzen zu können, bedeutet vor allem eines: Nein zu sagen. Was sich im ersten Moment so einfach anhört, ist in der Realität gar nicht so leicht, schon gar nicht für Hochsensible. Vor allem im Berufsleben möchten wir auf keinen Fall als unsozial oder nicht hilfsbereit gelten. Da ist es doch viel bequemer, den netten Kollegen sowie Vorgesetzten zu helfen und stets zuvorkommend zu reagieren. Das ist auch vollkommen in Ordnung. Wenn es dir allerdings schwerfällt, deinen Mitmenschen klare Grenzen aufzuzeigen, kannst du dich im schlimmsten Fall selbst schädigen. Dabei ist es gerade im beruflichen Umfeld so wichtig, sich zumindest gelegentlich zu verweigern. Mit der Karriere ist es in diesem Fall nämlich ein wenig wie mit der Liebe: Wer sich rar macht, wird automatisch als wertvoller angesehen. Aber du kannst lernen, wie das Neinsagen auch mit Hochsensibilität zukünftig leichter funktioniert

Gefälligkeiten tun selten gut

Es ist nicht verwunderlich, dass uns das Neinsagen im Beruf so schwerfällt. Gerade in der heutigen Zeit, wo Arbeitnehmer allzeit zu allem bereit sein müssen, wird man ansonsten schnell als wenig kooperativ oder nicht teamfähig abgestempelt. Aber Vorsicht! Tappe nicht aus Angst vor einem schlechten Ruf in eine Gefälligkeitsfalle, in die hochsensible Mitarbeiter leichter geraten als normalsensible Zeitgenossen. Wenn du immer wieder Gefälligkeiten nachkommst, um nur nicht negativ aufzufallen, kennst du diese Gefälligkeitsfalle. Wer möchte schon den Ruf haben, unkollegial oder gar inkompetent zu sein? Und das in einer Zeit, in der Teamgeist als einer der wichtigsten Soft Skills überhaupt bezeichnet wird. Aus diesem Effekt heraus entwickelt sich schließlich die Angst davor, Nein zu sagen. Doch das Abgrenzen ist mindestens so wichtig wie das soziale Engagement unter Kollegen. Wer niemals Nein sagen kann, der wird von Seiten des Teams nicht selten als nicht durchsetzungsfähig und abhängig von der Meinung anderer angesehen. Zudem überlastest du dich permanent selbst, indem du es stets allen recht machen möchtest. Schon entsteht Druck und damit Stress, was einem hochsensiblen Menschen besonders schlecht bekommt.

Es gibt ganz bestimmte Verhaltensweisen, die Hochsensible zum Jasagen verleiten. Vor allem Appelle an unsere Hilfsbereitschaft werden eingesetzt, um uns zu den eigenen Gunsten auszunutzen. Vielleicht kennst du das selbst aus deinem Umfeld: Zuerst wirst du mit Komplimenten und Nettigkeiten überhäuft. Anschließend fordert die betreffende Person diverse Gefälligkeiten, die mit der Zeit immer mehr zu einer Gewohnheit ausarten. Soweit solltest du es nicht kommen lassen. Indem du erkennst, warum es dir so schwerfällt, Nein zu sagen, packst du das Problem bei der Wurzel. Geht es dir vielleicht um Anerkennung? Bist du generell das, was man als harmoniebedürftig oder gar harmoniesüchtig bezeichnen würde? Wenn du mal wieder in die Situation kommst, in der du dich zwischen Abgrenzung und einem »kollegialen Gefallen« entscheiden musst, dann höre tief in dich hinein: Warum fällt es dir gerade in dem Moment so schwer, Nein zu sagen? Möglicherweise kannst du dir diese Frage recht schnell selbst beantworten. Wirst du erpresst, umgarnt oder anderweitig manipuliert, erkennst du spätestens jetzt, dass es an der Zeit zum Neinsagen ist.

Warum es okay ist, Nein zu sagen

Wie so oft hat auch das Problem mit dem Abgrenzen psychologische Gründe. In erster Linie möchten die meisten Menschen zu einer Gruppe dazugehören und tun alles dafür, um gut anzukommen. Die Angst vor der Ausgrenzung treibt uns nicht selten zu Gefälligkeiten, welche uns selbst schaden. Doch es gibt auch noch weitaus mehr Gründe, weshalb jemand nicht Nein sagen kann. Vielleicht gefällt es dir ja insgeheim, dass dich jemand um Hilfe bittet? Dieser Gedanke ist verständlich, denn es gibt den meisten sensiblen Menschen ein gutes Gefühl, wenn sie gebraucht werden. Man fühlt sich aufgewertet, indem man sich ein wenig wie der Retter in der Not fühlen darf. Der Wunsch danach, ständig von anderen gebraucht zu werden, wird auch als »Helfersyndrom« bezeichnet. Allerdings löst dieses Syndrom mehr Stress aus, als dass es tatsächlich hilft. Manche hochsensible Menschen lassen sich gar so stark von anderen, vermeintlich

Hilfsbedürftigen, vereinnahmen, dass sie sich bis ins gefürchtete Burnout treiben lassen.

Auch die Angst vor einer Ablehnung spielt eine Rolle, wenn du nicht Nein sagen kannst. Vielleicht sehen deine Kollegen dich ja als Egoisten, statt als hilfsbereiten Freund, wenn du dies oder jenes nicht für sie erledigst? Infolgedessen könnte es passieren, dass sie dich nicht mehr mögen und den Kontakt mit dir meiden. Das sind Gedankengänge, die viele Hochsensible in ihrem Berufsalltag begleiten und auch sie sind Ausdruck der Angst, nicht dazuzugehören.

Doch sind Schuldgefühle überhaupt angebracht? Ist es egoistisch, eine nette Bitte von einem Kollegen auszuschlagen? Oder etwa doch nicht? Diese Frage lässt sich nicht pauschal beantworten. Stattdessen ist sie immer situationsabhängig. Jeder Mensch muss selbst entscheiden, wo die eigenen Grenzen liegen. Dieses Recht steht jeder Person zu und damit auch dir selbst. Wenn andere das Einfordern dieser Grenzen als Egoismus sehen, so ist das deren Problem. Vor allem dann, wenn dein Motiv keinen egoistischen Hintergrund hat, ist das Neinsagen also vollkommen okay und alles andere als unsozial. In erster Linie dient die Abgrenzung gegenüber den Forderungen Dritter als Selbstschutz. Wer soll denn auf deine Belange achten, wer soll deine noch vorhandene Energie einschätzen können – wenn nicht du selbst? Falls jemand sich zu sehr auf die Belange anderer Menschen konzentriert, dann brennt er früher oder später aus. Spätestens dann hat niemand mehr etwas von der oft gepriesenen selbstlosen Hilfsbereitschaft. Ist erst einmal die Luft raus, so benötigt die Regeneration ihre Zeit. Und in diesem Zeitraum kannst du niemandem mehr helfen – am wenigsten dir selbst.

Hinzu kommt: Wer zu schnell Ja sagt, der kann sich auch einmal für eine falsche Sache entscheiden. Deshalb ist es immer angebracht, sich eine Bitte erst einmal durch den Kopf gehen zu lassen, bevor Hilfe zugesichert wird. Stehst du nicht selbst zu 100 Prozent hinter einer Sache, dann solltest du dich auch nicht daran beteiligen. Alles andere wäre nicht effizient und zudem vollkommen unproduktiv.

Bevor du dich also für eine Antwort entscheidest, kannst du dich fragen, wem deine Tat überhaupt helfen würde. Frage dich außerdem, ob der Gefallen im Sinne deines Arbeitgebers wäre. Zudem ist es ausschlaggebend, ob du überhaupt über genügend Zeit und Energie verfügst, um weitere Aufgaben anzunehmen. Auch das ist wichtige Selbstfürsorge, die jeder Mensch mit Vielfühligkeit entwickeln muss.

So grenzt du dich effektiv ab

Selbst wenn du dir vornimmst, ab sofort öfter Nein zu sagen, ist das nicht so einfach. In erster Linie ist ein gesundes Selbstwertgefühl ausschlaggebend, um sich die Abgrenzung zuzutrauen. Wer also sein eigenes Selbstbewusstsein stärkt, der mindert auch das Risiko, ausgenutzt zu werden. Wenn du dich selbst genau so magst, wie du bist, dann kannst du auch besser mit der Enttäuschung anderer umgehen. Natürlich wird dein Umfeld erst einmal beleidigt oder enttäuscht sein, wenn du ab sofort ganz anders reagierst, als man das von dir gewohnt ist. Aber keine Angst – deine Kollegen und Vorgesetzten werden sich schnell daran gewöhnen. Denk immer daran: Wer Nein sagen kann, der zeigt innere Stärke und verdient sich damit auch den Respekt der anderen.

Am besten funktioniert das Neinsagen, indem du deinem Gegenüber eine Alternative anbietest. Das funktioniert zum Beispiel, indem du einen anderen Helfer oder zumindest einen späteren Zeitpunkt vorschlägst. Zudem werden deine Kollegen die Ablehnung eher verstehen, wenn du deine Absage begründest. Ein Grund könnte zum Beispiel sein, dass du nicht qualifiziert für bestimmte Aufgaben bist. Natürlich darf es sich bei dieser Begründung nicht um eine plumpe und vor allem unwahre Aussage handeln. Eine weitere Möglichkeit: Begründe deinen Standpunkt deutlich! Indem du klarmachst, dass du gewisse Dinge nicht mit deinem Gewissen vereinbaren kannst oder dich bei einer Sache unwohl fühlst, wirkst du letztlich überzeugender.

Sonderfall: Nein sagen zum Chef

Dem Vorgesetzen eine Bitte abzuschlagen, ist eine besonders heikle Angelegenheit. Vor allem dann, wenn die Sorge um eine mögliche Kündigung besteht oder der Chef dir das Arbeitsleben anderweitig schwermachen kann, ist die Angst groß. Aus diesem Grund ist ein strategisches Vorgehen in Sachen Kommunikation an dieser Stelle essenziell und unabdingbar. Gehe subtil vor, indem du dir bereits im Vorfeld diverse Ausweichstrategien bereithältst. Vorbereitung ist bei der Kommunikation mit Vorgesetzten wesentlich sinnvoller als zu viel Spontaneität. Am besten ist es, wenn du zu jeder wahrscheinlich auftauchenden Frage bereits die passende Antwort vorbereitest und für viele mögliche andere Fragen ebenfalls. Natürlich kann dich dein Chef trotzdem überraschen – aber so fühlst du dich sicherer und du wirkst redegewandter.

Du solltest deine Antworten gegenüber dem Chef besser mit einem »Ja, aber/und …« einleiten als mit einem radikalen »Nein«. Auf diese Weise signalisierst du, dass du grundsätzlich die Meinung des Vorgesetzten akzeptierst, und verhinderst, dass dein Gegenüber von vornherein ablehnend reagiert. Schließlich soll dein Chef nicht meinen, dass du seine Autorität untergraben möchtest. Das signalisierst du auch, indem du deinen Vorgesetzten stets ausreden lässt und ihm aufmerksam zuhörst. Auf keinen Fall sollte der Chef mitten in einem Satz unterbrochen werden – und sei dieser auch noch so lang. Die Geduld zahlt sich aus, denn anschließend wird dein Vorgesetzter auch dir eher zuhören. Zeige bei deinem anschließenden Einwand immer, dass du bereit zu Kompromissen bist. Das funktioniert zum Beispiel, indem du Alternativen anbietest, die für beide Seiten akzeptabel sind. Verdeutliche außerdem mögliche negative Folgen des von dir verlangten Handelns. Indem du deinen Chef um Mithilfe bittest, kannst du ihn zudem auf emotionaler Ebene erreichen, was deine Chancen auf Verständnis von Seiten des Gegenübers erhöht. Wenn deine Bitte begründet und im Sinne der Firma ist, wird dein Vorgesetzter dir zuhören und auf dich eingehen. Diese Art der Kommunikation wird vielen hochsensiblen Menschen leicht gelingen, wenn sie ein wenig Übung darin haben.

ENTKOMME DEM KARRIEREKILLER MONA-LISA-SYNDROM

Einfach lächeln! Was sich in vielen Lebenslagen als guter und wertvoller Rat erweist, kann deiner erfolgreichen Geschäftskarriere im Weg stehen. Besonders Frauen sind von einem Phänomen betroffen, dessen Namensgeberin eine der wohl berühmtesten, lächelnden Frauen der Welt ist: dem sogenannten Mona-Lisa-Syndrom. Hochsensibilität und das damit verbundene Harmoniestreben können dazu führen, das Mona-Lisa-Syndrom zu entwickeln.

Lachen ist gesund – die Devise gilt nicht immer

Von klein auf bekommen wir eingetrichtert, dass ein Lächeln in vielen Situationen helfen kann. Ob Stress in der Schule, Pechphase im Privatleben oder allgemeine schlechte Laune: Mit einem Lachen geht alles besser. Deshalb empfehlen viele Psychologen, den Morgen mit einem lächelnden Blick in den Spiegel zu beginnen. Wenn du dich schon nach dem Aufstehen selbst anlächelst, steigerst du deine Laune und dein Selbstbewusstsein. Doch so schön ein Lächeln auch sein kann, es birgt Gefahren. Einerseits wirkt ein krampfhaftes Grinsen auf Dauer unecht und kontraproduktiv für deine gute Laune und Sympathie. Es kann sogar zu Depressionen führen und wird als Lächelmasken-Syndrom bezeichnet. Andererseits kann das Lächeln im Beruf noch ganz andere Folgen mit sich bringen, ganz besonders bei hochsensiblen Frauen.

Gutmütigkeit wird schnell ausgenutzt

Das Mona-Lisa-Syndrom geht auf die lächelnde Frau zurück, die einst Leonardo da Vinci Porträt stand. Obwohl bis heute gemunkelt wird, warum die Mona Lisa auf dem Gemälde eigentlich gelächelt hat, und die Theorien in alle möglichen Richtungen reichen, gilt sie als die fast berühmteste Lächelnde der Welt. Doch ob sie alles weggelächelt hat, was ihr in ihrem Leben begegnet ist? Genau darum geht es nämlich bei dem sogenannten Mona-Lisa-Syndrom. Nicht nur in entspannten, freundlichen Situationen lächeln betroffene Menschen, sondern auch in äußerst unangenehmen Momenten. Statt einem unfreundlichen Kollegen Paroli zu bieten oder auf die anzüglichen, unangebrachten Bemerkungen des Chefs selbstbewusst zu reagieren, wird die Problematik einfach weggelächelt. Betroffene haben gelernt, dass mit einem Lächeln alles einfacher ist als mit einer Konfrontation, die vielleicht unangenehm wird. Doch ist diese gerade in Branchen, in denen vorwiegend Männer tätig sind, manchmal wichtig, um der eigenen Karriere nicht im Weg zu stehen. Immerhin werden Frauen in vielen Jobs nach wie vor benachteiligt, obwohl der Anteil an Abiturientinnen und gebildeten Frauen mit gutem Abschluss drastisch ansteigt.

Denn die Devise »gut gelaunt geht alles besser« gilt nicht unbedingt im Job. Wenn sich dein Kollege mit einer Leistung brüstet, die eigentlich du vollbracht hast, oder deine Leistungen von der Chefetage permanent ignoriert werden, ist es Zeit, das Lächeln zu lassen und deine Stimme zu erheben. Du solltest dich im Job nämlich keineswegs ausnutzen lassen; und genau das ist die Gefahr, die das Mona-Lisa-Syndrom mit sich bringt. Du wirkst durch dein charmantes Lächeln vielleicht sympathisch, bist beliebt und giltst als freundliche Kollegin, wirst aber in Projekten und vor allem bei Beförderungen übergangen. Viele hochsensible Menschen lächeln sogar noch weiter, wenn sie offensichtlich schamlos ausgenutzt werden. Und das nur, um Konflikten aus dem Weg zu gehen. Die Folge: Während die Kollegen dies auf persönlicher Ebene honorieren und vielleicht deinen großzügigen Humor betonen, steckst du in Sachen Karriere zurück.

Gerade, wenn du zu den hochsensiblen Menschen mit geringem Selbstbewusstsein gehörst und dich in vielen Situationen schnell unsicher fühlst, steigt die Gefahr für das Mona-Lisa-Syndrom. Dich selbst vor anderen zu behaupten, ist nicht dein Ding, lieber bleibst du im Hintergrund und giltst als sympathische Kollegin? Dann solltest du darauf achten, dass es nicht ausartet und dass deine Gutmütigkeit nicht ausgenutzt wird. Gegen ein freundliches Lächeln spricht generell natürlich nichts, wenn du in den richtigen Momenten auch zu anderen Verhaltensmethoden übergehst. So solltest du übergriffige Kommentare mit passenden Entgegnungen abwehren. Dabei darfst du durchaus charmant sein, doch achte auf deine Körperhaltung, das heißt: Schultern zurück, Augenkontakt halten und selbstbewusst die Antwort vorbringen. Auch solltest du manchmal deinen Chef gezielt darüber informieren, was du geleistet hast; besonders dann, wenn jemand anders die Lorbeeren für sich beanspruchen möchte. Nicht immer wissen Vorgesetzte, wer welchem Projekt zu einem erfolgreichen Abschluss verholfen hat. Interne Meetings sind ein guter Zeitpunkt, um die Stimme zu erheben und sich mehr einzubringen.

Doch genau das fällt vielen hochsensiblen Frauen schwer. Sie gelten vorwiegend als Teamplayer und holen bei persönlichem Lob durch den Chef oder Kollegen gerne noch andere mit ins Boot. Sie heben die Leistungen der Kollegen in den Vordergrund und stellen ihr eigenes Licht unter den Scheffel. Immer dabei: das freundliche Lächeln. Frauen wirken durch ihr Teamplaying zwar fairer, kommen aber auf der Karriereleiter nicht voran. Hier gilt es, einen gelungenen Mittelweg zu finden zwischen dem charmanten Lächeln und dem selbstbewussten Weg nach oben.

Tipp: Zeig dich selbstbewusst, aber nicht arrogant

Um dem Mona-Lisa-Syndrom zu entgehen, kannst du an deinem Selbstbewusstsein arbeiten, um schon von deiner Körpersprache her souverän und sicher zu wirken. Denn nur wenige Menschen achten im Berufsalltag ausschließlich auf das, was du sagst und tust – auch die Körpersprache, die Mimik und Gestik haben einen Einfluss auf die Souveränität. Falsche Bescheidenheit ist ebenso fehl am Platz wie das typische »Kleinmädchen«-Verhalten. Dazu gehört, bei drohendem Ärger einfach den Kopf schief zu legen, zu lächeln und auf Sanftmütigkeit zu pochen. Besser ist es, die eigenen Stärken zu kennen und zu zeigen. Dabei gilt es erneut, den richtigen Spagat zwischen Selbstbewusstsein und übertriebenem Eigenlob zu finden. Denn während übertrieben höfliche Menschen mit Mona-Lisa-Syndrom häufig übergangen werden, wirken Menschen, die permanent mit ihren Leistungen prahlen, eher wie nervige Angeber, mit denen niemand arbeiten möchte.

Du siehst also: Du musst dein Lächeln keineswegs ablegen, um die Karriereleiter zu erklimmen. Stattdessen solltest du es gelegentlich mit einem selbstbewussten Einwurf im Meeting garnieren, wann immer es notwendig ist. Nimm nicht immer nur auf andere Rücksicht, sondern stelle deine Stärken in den Mittelpunkt. Verbirg dein Fachwissen nicht hinter der niedlichen Fassade und steh dir selbst durch deine Bescheidenheit nicht im Weg. Wenn du den Mittelweg zwischen Freundlichkeit und Selbstbewusstsein gefunden hast, wirst du im Job nicht mehr übergangen – und darfst trotzdem den Tag mit einem Lächeln meistern. Werde so zu einer Vorreiterin für alle hochsensiblen

Frauen, die selbstbewusst und freundlich Karriere machen wollen, ganz ohne verkrampfte Mundwinkel.

WIE DU DEN AKRASIA-EFFEKT EFFEKTIV BEKÄMPFST

Es ist ein Problem so alt wie die Menschheit selbst, dennoch ist es vielen Menschen nicht bewusst. Oder nur teilweise bewusst. Immer dann, wenn sie etwas Großes vorhaben, Pläne schmieden, sich gute Vorsätze nehmen, eine Deadline erreichen oder einen Termin pünktlich wahrnehmen wollen – dann kommt plötzlich etwas dazwischen. Das ist kein spezielles Problem hochsensibler Menschen, aber die Folgen können diese zartbesaiteten Wesen wirklich blockieren. Denn oft schlägt dann der Selbstzweifel massiv zu und sie ziehen sich dann selbst emotional herunter. Auch dir könnte dieses Problem bekannt sein. Der Kern liegt darin, dass du nicht die Sache erledigst, die du dir vorgenommen hast: Weil etwas anderes sich deiner Aufmerksamkeit ermächtigte, weil es dann doch zu schwierig erschien oder weil du etwas so lange vor dir hergeschoben hattest, dass etwas anderes wichtiger wurde. Die alten Griechen hatten dafür einen Namen: Akrasia. Das Gute ist, dass du mit diesem Problem nicht allein bist. Außerdem gibt es Lösungen und Strategien, um der Akrasia Herr zu werden.

Was genau ist der Akrasia-Effekt?

»Krasia« ist ein altgriechisches Wort und leitet sich eigentlich von »kratos« ab. Das heißt so viel wie »Stärke, Kraft, Macht,

Herrschaft«. Das Präfix »a« jedoch negiert das Wort, verkehrt es ins Gegenteil. »Akrasia« bedeutet somit »Schwäche«. In diesem Fall ist damit nicht die körperliche Schwäche gemeint, sondern die Schwäche des Willens, also die Willensschwäche. Der Akrasia-Effekt zeigt sich immer dann, wenn wir den Willen nicht dazu aufbringen können, etwas zu tun, was wir uns vorgenommen haben. Das klassische Beispiel ist die gesunde Ernährung. Ob es nun darum geht, sich besser zu ernähren, um gesünder zu sein und mehr Energie zu haben, oder darum, endlich die überflüssigen Pfunde loszuwerden und abzuspecken – der Akrasia-Effekt setzt dann ein, wenn du trotz aller guten Vorsätze dennoch wieder zu Schokolade und fettigem Essen greifst, obwohl du weißt, dass diese Art von Ernährung ungesund für dich ist und dich nur dicker macht. Und dann hilft es auch nicht, sich nur vorzustellen, wie gesünder du mit der richtigen Ernährung sein oder wie viel besser du mit einer schlankeren Figur aussehen würdest. Darum geht es beim Akrasia-Effekt: einem Handeln wider besseres Wissen.

Wie kommt der Akrasia-Effekt zustande?

Der Grund dafür, dass wir alle den Akrasia-Effekt mehr oder weniger intensiv kennen, liegt in unserer Biologie begründet. Unser Gehirn ist eher darauf ausgerichtet, kurzfristige Belohnungen zu bevorzugen als langfristige. Wenn du mal wieder deine E-Mails checkst oder dich auf Facebook herumtreibst, anstatt im Büro deine Arbeit zu beginnen, dann liegt das ganz einfach daran, dass deinem Gehirn diese Dinge wichtiger erscheinen als ferne Ziele und Belohnungen. Das menschliche Gehirn strebt nach Belohnungen, so hat es sich nach Jahrmillionen entwickelt. Wenn du also lieber auf der Couch liegst, anstatt auf die Straße zum Joggen zu gehen, dann liegt das daran, dass dein Gehirn den unmittelbaren Genuss bevorzugt. Gleichzeitig kann es mit langfristigen Erfolgen, die mit der sportlichen Betätigung einhergehen, weniger anfangen. Das nennt sich auch Zeitinkonsistenz.

Möchtest du jedoch deine gesteckten Ziele erreichen, dann musst du lernen, unmittelbare Belohnungen aufzuschieben. Diesen sogenannten Gratifikationsaufschub kannst du erlernen. Vielleicht hast du schon einmal vom Marshmallow-Test gehört. Der wurde im Jahre 1968 vom amerikanischen Psychologen Walter Mischel an Kindern durchgeführt und ist auch heute noch genauso relevant wie damals. Walter Mischel stellte Kinder vor die Entscheidung: Entweder sie bekommen jetzt sofort einen Marshmallow. Oder sie warten und bekommen stattdessen zwei. Einigen Kindern war der augenblickliche Genuss wichtiger als die Möglichkeit, später sogar zwei Marshmallows verputzen zu dürfen. In diesem Test ging es um den Gratifikationsverzicht, also darum, einer jetzigen Versuchung zu widerstehen, um später etwas viel Besseres zu bekommen. Dabei wurde auch eine langfristige Studie durchgeführt. Es zeigte sich, dass die Kinder, die damals den ersten Marshmallow verschmäht hatten, später im Leben öfters Erfolg hatten als die Kinder, die sofort zugreifen mussten. Nicht nur waren erstere geduldiger und zielstrebiger, sie entwickelten auch ein größeres Selbstbewusstsein und konnten besser mit Rückschlägen umgehen. Diese Kinder waren in der Lage, ein spätes Ziel ins Auge zu fassen und zu verfolgen, auch wenn das bedeuten sollte, eine augenblickliche Befriedigung links liegen zu lassen.

Menschen mit geringerer Selbstkontrolle sind im Leben meist weniger erfolgreich. Sie verfügen über weniger Durchhaltevermögen, sind weniger gewissenhaft und zuverlässig. Für die Selbstkontrolle hatten die alten Griechen übrigens auch einen Namen: Enkrateia. Damit ist die Fähigkeit gemeint, eigene Ziele umzusetzen und die eigenen Gedanken, Emotionen und Handlungen auf dieses Ziel willentlich zu richten.

So überwindest du die Willensschwäche

Möchtest du den Akrasia-Effekt überwinden, musst du dir zuerst im Klaren darüber sein, was du überhaupt erreichen willst. Mit der Zeit könnten sich die Prioritäten geändert haben oder die alten Ziele erscheinen nicht mehr so wichtig. Sich auf ein Ziel zu konzentrieren, das es nicht mehr wert ist, verfolgt zu werden, ist ein sinnloses Unterfangen. Gleichzeitig gilt es auch, die volle Verantwortung für dein eigenes Handeln zu übernehmen. Zwar liegt der Akrasia-Effekt in unserer Biologie begründet, aber genauso verhält es sich auch mit der Selbstkontrolle, einer der Stärken von vielen Hochsensiblen. Letztlich liegt es nur an dir selbst, deinen eigenen Weg zu gehen und deine Ziele zu verfolgen.

Zum Glück geht es dabei nicht nur um Willenskraft allein, es gibt auch ein paar Strategien, die zur Überwindung des Akrasia-Effekts beitragen können. Zum Beispiel solltest du die Dinge aus deinem Umfeld entfernen, die dich ablenken können. Das Smartphone zieht ständig die Aufmerksamkeit auf sich? Stell es aus, wenn du dich auf deine Arbeit oder auf das Lernen für die nächste Prüfung konzentrieren willst. Am Rechner schließt du am besten den Browser oder die Tabs, die dich ablenken könnten. Mach deinen Mitmenschen klar, dass du nicht gestört werden möchtest, weil du etwas Wichtiges vorhast. Es gilt, sich ein arbeitsfreundliches Umfeld zu schaffen, bei dem du ungestört sein kannst. Plane, was du alles dafür tun musst, damit so ein Umfeld zustande kommt. Viele Menschen haben Schwierigkeiten mit den ersten Schritten. Ob es nun darum geht, ein neues Projekt zu beginnen oder endlich mit der Diät anzufangen. Der erste Schritt ist meist am schwersten. Dabei kann es sehr hilfreich sein, sich die Arbeit in kleine Einzelteile aufzuteilen. So wirkt sie meist wesentlich machbarer. Außerdem solltest du nicht sogleich die besten Resultate erwarten, der Drang der Hochsensiblen nach Perfektion darf dir nicht im Wege stehen. Wichtig ist schließlich, ein Muster und eine Routine zu entwickeln. Mit der Zeit fällt es immer leichter, ob es nun ums Lernen, um die Diät oder den Sport geht. Wenn du dir einen festen Plan machst und ihn eine Weile durchhältst, wird es dir bald in Fleisch und Blut übergehen und du musst dich kaum noch überwinden. Wird es zur Gewohnheit, dann fällt der Akrasia-Effekt kaum noch ins Gewicht.

FEUERE DICH SELBST AN: WIE FUNKTIONIERT DAS?

Es gibt sicherlich auch bei dir Tage, an denen dir jegliche Motivation fehlt, dabei war gestern alles noch in Ordnung. Vielleicht stehst du vor einer großen Aufgabe, die für dich unlösbar scheint? Jetzt wäre es gut, wenn dir irgendjemand Mut zusprechen und dich anspornen würde. Doch es ist keiner da. Also feuere dich selbst an! Verschiedene Methoden und Tipps helfen dir in so mancher aussichts- und motivationslos scheinenden Lage weiter.

Das schaffst du – das Experiment

Der TV-Spruch »Du schaffst es – Tschakka« hat längst in unserer alltäglichen Umgangssprache Einzug gehalten. Manchmal wird er aber auch gebraucht, um eine Art von Spott oder Hohn auszudrücken. Dabei wäre es sehr viel besser, diese Worte der Anfeuerung häufiger anzuwenden. Wer sich mit solchem Vokabular selbst anspornt, kann die eigene Leistung verbessern. Das wurde in einer Studie mit der Fragestellung »Welche Techniken der Motivation helfen tatsächlich?« festgestellt. In verschiedenen Gruppen sollten die Probanden in einem Konzentrationsspiel gegen einen Computer spielen. Es ging um die Frage: Welche Methoden haben die Teilnehmer besonders motiviert und sie am effektivsten zum Highscore gebracht? Hierfür sollten die Teilnehmer sich mit Selbstgesprächen anfeuern, sich Mut machen und lautstark motivieren. Zudem ging es darum, die Visualisierung und Vorstellungskraft zu nutzen. Dies sollte dabei helfen, sich den Spielverlauf vorzustellen und sich auszumalen, wie die Reaktion während des Spiels schneller und besser sein könnte. Die Testpersonen sollten vorab planen, wie sie beim Eintreten einer bestimmten Eventualität reagieren würden.

Das Ergebnis war eindeutig: Die Personen, die sich mit eigenen Worten selbst bestärkt hatten, konnten im Spielverlauf die größten Verbesserungen erreichen. Im Gegensatz zu ihren Vergleichsgruppen schnitten sie sehr viel besser ab. Solche Selbstgespräche wie »Das nächste Mal kann ich es besser« oder »Ich bin sicher in der Lage, meine Punktzahl zu steigern« sind warme Worte, die motivieren. Die Testpersonen, die sich in Gedanken vorgestellt hatten, das nächste Spiel besser und schneller in der Reaktion zu sein, konnten ebenfalls Fortschritte erzielen. Den geringsten Erfolg brachte die »Was wäre, wenn …«-Technik: Hier waren lediglich geringe positive Auswirkungen festzustellen.

So nutzt du die Vorteile des Anfeuerns

Es klingt vielleicht etwas seltsam, aber das Anfeuern färbt tatsächlich auch auf andere ab. Aus dem Fußballsport wissen wir, dass die Spieler ihre Wahrscheinlichkeit zum Sieg erhöhen, wenn sie sehr emotional reagieren. Je mehr die Teammitglieder der Mannschaft untereinander ihre Erfolge feiern, umso größer ist die Chance auf einen Sieg im Spiel. Hinter dieser Reaktion steckt die Tatsache, dass du andere emotional mitnehmen kannst. Du kannst deine Emotionen auf andere Menschen übertragen. Dieses Szenario kann auch in den Büroalltag mitgenommen werden. Freue dich, ball die Faust oder gib ein kräftiges »Jaah« von dir, wenn du einen großen Auftrag an Land gezogen hast oder du andere großartige Leistungen gebracht hast.

Menschen, die sich selbst anfeuern, reagieren schneller und setzen so mehr Energie frei. Auch Selbstgespräche führen zu mehr positiven Emotionen, du fühlst dich einfach besser. Deine Selbstanfeuerung sorgt für mehr Zuversicht in deine Leistungsfähigkeit. Das Beste daran ist: Motivierende Gespräche mit dir selbst sind nicht nur effektiv. Sie können ohne jegliches Training angewendet werden. Wer vor einer großen Aufgabe steht, sollte also ein kurzes Selbstgespräch mit sich führen. Das kann vor dem nächsten Vorstellungsgespräch sein, vor der Präsentation oder bei der Bewältigung anderer Probleme. Selbstmotivation verringert Stress- und Angstzustände und stärkt den Kampfgeist. Raum für Verbesserungen gibt es dabei immer, experimentiere für dich damit. Die Technik der Selbstmotivation macht uns Menschen offener und empfänglich für unsere Fehler sowie das Feedback der anderen. Du wirst aufmerksamer und kannst deine eigenen Fehler schneller und einfacher korrigieren.

Neben diesen Effekten kommen unsere Nervenzellen durch Selbstmotivation ganz schön in Bewegung. Das löst besondere neurophysiologische Effekte in uns aus. Positive Gedanken erzeugen mehr Selbstsicherheit und führen damit zu besseren Leistungen. Gib dir also verbal einen Ansporn, wenn ein unangenehmes Kundengespräch bevorsteht, du wirst ganz anders in die Verhandlungen gehen. Ein Vorstellungsgespräch oder eine Besprechung über eine Gehaltserhöhung steht bevor? Feuere dich selbst an, du wirst sehen, dass es seine Wirkung zeigt.

Vielleicht kommen bei dir Zweifel auf: »Was ist, wenn ich mir Mut zuspreche, aber davon gar nicht überzeugt bin?« Erkenne deine Gedanken, die dich runterziehen, und akzeptiere sie. Verbringe weniger Zeit damit, dich zu kasteien, sondern leite deine Energie um. Stoppe deine negativen Gedanken und sage dir zum Beispiel: »Es ist okay, dass ich mir Zeit nehme« oder »Die wichtige E-Mail kann auch morgen noch rausgehen.« Du kannst deine Anfeuerung auch etwas zurücknehmen, überlege dir nochmals alles genau. Entwickle das Tempo, das genau deinem hochsensiblen Naturell entspricht. Gehe deine Aufgaben langsamer an und stelle dir Fragen, damit schaltest du die entsprechenden Gehirnzellen ein, die dir zu innerer Kreativität verhelfen. Dadurch bist du in der Lage, deine negativen Gedanken statt mit Angst mit Neugier zu bekämpfen.

MEHR ERFOLG HABEN DURCH SELBSTGESPRÄCHE

Nicht nur Anfeuern und Anspornen hilft dir weiter. Du kannst auch in einen feinfühligen Dialog mit dir selbst gehen. Was in Filmen und Serien völlig normal zu sein scheint, finden wir bei uns selbst meistens eher seltsam: Selbstgespräche. In Filmen soll dem Zuschauer auf diese Art besser verständlich gemacht werden, was der Darsteller tut und denkt. Erwischt uns in der Realität jemand bei einem Gespräch mit dem eigenen Spiegelbild, ist uns das jedoch meistens unangenehm. Dabei sind die inneren Monologe (ob gedacht oder laut ausgesprochen) äußerst praktisch. Schon Kinder im Alter von zwei Jahren plappern unentwegt vor sich hin. Dies erleichtert es ihnen, ihre Aufmerksamkeit zielgerichtet einem bestimmten Thema zuordnen zu können und die Gedanken zu sortieren. Der laut ausgesprochene Monolog geht meistens ab dem Alter von fünf Jahren langsam in einen gedachten, inneren Monolog über. Auch im Erwachsenenalter können Selbstgespräche hilfreich sein. Über 90 Prozent aller Erwachsenen sollen übrigens regelmäßig Selbstgespräche führen. Wer »laut nachdenkt«, schafft eine Art Brainstorming. Außerdem kann man sich mithilfe von Selbstgesprächen selbst motivieren und sich in stressigen Situationen besser beruhigen. Doch wie kannst du Selbstgespräche für deinen Erfolg nutzen?

Die Kausalität zwischen Selbstgespräch und Erfolg konnte längst belegt werden. Kinder, die Selbstgespräche führen, sind eher in der Lage, knifflige Rätsel zu lösen, und bewältigen sie schneller als schweigende Kinder. Studenten, die einen Fahrradhalter konzipieren und bauen sollten, waren dann strukturierter und konzentrierter bei der Aufgabe, wenn sie mit sich selbst sprachen. Ein weiteres Beispiel auch hier ist die Sportwissenschaft. In diesem Bereich weiß man schon lange um den Nutzen von Selbstgesprächen zur Motivation und Leistungssteigerung. Sportler nutzen dabei beispielsweise Anweisungen, um Techniken zu verbessern.

Was du mit Selbstgesprächen alles erreichen kannst

Selbstgespräche können also deine Gedanken ordnen und strukturieren und helfen dir bei der Lösung von Aufgaben und Problemstellungen. Doch das ist noch längst nicht alles. Selbstgespräche können in vielen verschiedenen Bereichen helfen. Wir kennen es vielleicht von Fremdsprachen. Eine Sprache lernt man schneller, je mehr man sie spricht. Wer eine Sprache perfekt beherrscht, kann auch in ihr denken und träumen. Durch Selbstgespräche in der zu erlernenden Sprache erlangt man Sicherheit und Selbstbewusstsein, die Fremdsprache zu sprechen. Außerdem verbessert sich so auch stetig die Aussprache.

Möchtest du etwas Neues lernen, dann ist es vorteilhaft, dir die unterschiedlichen Schritte dabei vorzusagen. Man kennt es, wenn man einen neuen Tanz üben (»eins, zwei, stopp!«) oder sich einen unbekannten Weg einprägen möchte (»erste Kreuzung links, am Bahnhof vorbei, an der ersten Ampel rechts …«). Wer sich behelfen muss, einen Rhythmus zu finden, der zählt innerlich im Takt.

Diese Methode ist übrigens auch gut geeignet, um sich zu beruhigen, was für hochsensible Menschen besonders wichtig sein kann. Dabei wird die Aufmerksamkeit komplett auf das stille Zählen fokussiert. Doch auch direkte Anweisungen können helfen, wenn man etwas runterkommen möchte. Durch gutes Zureden wird eine neue körperliche und innere Haltung eingenommen, was zur Ausschüttung von Endorphinen führen kann.

Eine weitere Möglichkeit ist es, sich den Ärger von der Seele zu reden. Auch wenn man allein ist, tut uns das gut und hilft uns dabei, etwas Abstand zum Ärger zu gewinnen. Besonders effektiv ist die Methode, sich selbst Fragen zu stellen und zu beraten. Hast du dich zum Beispiel darüber geärgert, dass dich ein Kollege nicht gegrüßt hat, kannst du dich fragen: »Wieso ärgere ich mich? Kann es nicht sein, dass der Kollege einen schlechten Tag hat? Beschäftigt ihn irgendwas?« Durch diese Methode gewinnst du Abstand zur Situation, die dich ärgert. Du erlangst einen neuen Blickwinkel und wirst das Geschehen vielleicht anders beurteilen. Außerdem können dich Gespräche mit dir selbst in stressigen Situationen beruhigen oder dich motivieren. Sie sorgen auch hier dafür, dass du Abstand zu deinen Problemen gewinnst und durch einen neuen Blickwinkel zu anderen Bewertungen desselben kommst. Auf diese Art kannst du die Probleme entweder ganz lösen oder sie loslassen. Das führt dazu, dass du mit dir selbst im Reinen bist und langfristig keinen Ballast mit dir rumschleppst, der dich an dir selbst zweifeln lässt und deinem Erfolg dauerhaft im Weg stünde.

Selbstgespräche können zudem die Emotionale Intelligenz verbessern. Die Emotionale Intelligenz besteht aus Empathie, Selbstbewusstsein und Kommunikationsfähigkeit. Während eines Selbstgesprächs fühlen wir uns sowohl in uns selbst ein

(Selbstbewusstsein) als auch in unser Gegenüber (Empathie), und wir kommunizieren. Dies stellt ein ideales Training zur Verbesserung unserer Emotionalen Intelligenz dar. Emotionale Intelligenz macht dich für andere Menschen sympathisch. Sie ist neben der Leistung ein wichtiger Baustein auf deinem Weg zum Erfolg.

Tipp zum Führen von Selbstgesprächen

Um in Ruhe ein Gespräch mit dir selbst führen zu können, ziehe dich an einen Ort zurück, an dem du ungestört bist. Auch wenn Selbstgespräche etwas Normales sind, ist es unangenehm, wenn man dabei von jemandem überrascht wird. Nimm dir die Zeit für dich. Sprich mit dir, als seist du dein Gegenüber. Das schafft mehr Distanz und ist insbesondere bei der Lösung innerer Konflikte effektiv.

FINDE KREATIVE LÖSUNGEN DURCH ORGANISIERTES NICHTSTUN

Kreative Lösungen entstehen nicht im Stress! Das kennen sicher viele Menschen, die schon einmal versucht haben, eine richtig gute Idee zu erzwingen. Sie sitzen vor dem Bildschirm und zermartern sich das Hirn auf der Suche nach dem nie dagewesenen Gag, der alle Aufmerksamkeit in den Medien auf sich zieht. Das soll natürlich innerhalb des Budgets in kürzester Zeit in perfekter Ausführung passieren. Da ist es kein Wunder, dass so manches Gehirn aufgibt und die Waffen streckt. Mein Tipp: Belasse es dabei, schalte den Rechner aus und entspanne dich! Denn das Geheimnis der Kreativität liegt gar nicht in der Anstrengung, sondern im Loslassen! Die guten Ideen kommen dir vielleicht nicht immer auf dem Klo oder unter der Dusche. Doch auch dort hat bestimmt jeder schon mal den Gedankenblitz gehabt, der letztendlich die Wende zum Guten gebracht hat.

So erledigt das Unterbewusstsein die kreative Arbeit

Spätestens nachdem wir uns einmal intensiv mit einem anstehenden Thema beschäftigt haben, ist es angebracht, dieses beiseitezulegen und sich anderweitig zu beschäftigen. Denn eigentlich ist es ja bekannt: Entgegen der weit verbreiteten Annahme, dass es nützlich sei, Entscheidungen immer sehr bewusst und rational zu treffen, wird in der Regel das meiste im Unterbewusstsein verarbeitet und entschieden. Besonders in Phasen der Erholung und Entspannung findet dein Gehirn die Zeit, die vorhandenen Informationen zu vernetzen. Durch die neuen neuronalen Verbindungen, die besonders im Schlaf gelegt werden, kommen Lösungen zum Vorschein, die als plötzlicher Einfall empfunden werden, im Prinzip aber auf der Hintergrundarbeit deines Gehirns beruhen.

Kreativer Müßiggang will gelernt sein

Doch kannst du es dir leisten, einfach so die Seele baumeln zu lassen und das noch als kreative Arbeitsmethode zu verstehen? Viele Menschen glauben, dass sie ununterbrochen Tätigkeiten erledigen müssen, die zumindest den Anschein eines hohen Beschäftigungsgrades erwecken. So schaffen sie sich ein sicheres Gefühl, denn was nach hohem Arbeitsdruck aussieht, kann nicht so leicht wegrationalisiert werden. In Zeiten von Termindruck und Selbstoptimierung ist es ein gewagtes Unterfangen, sich dem scheinbar absichtslosen Müßiggang hinzugeben. Wie schnell ist da der Job verloren? Zugegeben: Es gehört schon eine Menge Selbstvertrauen dazu, offen dazu zu stehen, dass jetzt die kreative Stillephase bei dir beginnt. Doch was ist, wenn deine Ergebnisse anschließend von hoher Qualität sind? Die Anerkennung dieser Ergebnisse durch das Unternehmen und die Kollegen kann die Risiken durchaus ausgleichen.

Du wirst sicherlich nicht einfach von heute auf morgen von der Hetze zum Chillmodus wechseln können. Dagegen sprechen nicht nur deine Gewohnheiten und der Druck der Umwelt. Vielen Menschen fällt es auch sehr schwer, sich mit sich selbst zu befassen, allerdings gehören Hochsensible selten dazu. Was aber bei großer Empfindsamkeit leicht geschehen kann: Je mehr Gelegenheit du zur Innenschau hast, umso mehr könnten Zweifel am eigenen Ich aufkommen. Doch du kannst es schrittweise lernen, dich der Muße so hinzugeben, dass sie Freude macht und nebenbei deinem Gehirn den Raum lässt, den es für kreative Lösungen benötigt. Dabei hilft es dir zu vergegenwärtigen, dass sehr viele Menschen gerade in kreativen und künstlerischen Berufen die Muße sehr geschätzt haben. Der Aufenthalt in der Natur hat berühmten Geistern von Richard Wagner bis Dante Alighieri, von Friedrich Nietzsche bis Gustav Klimt oder August Macke die stille und gleichzeitig kreative Umgebung verschafft, die sie zur Schaffung großer Werke brauchten. Und die Untersuchungen amerikanischer Hirnforscher bestätigen den Befund: Schon ein 20-minütiger Spaziergang an der frischen Luft aktiviert viel mehr kreative Hirnregionen als das mittägliche Sitzen in der Kantine.

Was dir zunächst als ungewohnte Herausforderung erscheinen mag, wird immer stärker zum Quell erhöhten Wohlbefindens, denn du merkst schnell, dass du keineswegs deine Pflichten vernachlässigst. Wenn du dir die Zeit nimmst, um dich bewusst auf die Langeweile und den Müßiggang einzulassen, wirst du vielfältigen Gewinn davontragen. Denn wer lernt, geduldig auf den kreativen Gedanken zu warten, wird sich in der Zwischenzeit mit einem Spaziergang, einer anregenden Lektüre oder einem schönen Einkauf beglücken können. Auch die Kunst der Meditation, in der du vielleicht in zehn Minuten mehr über dich lernen kannst als in langen Bürowochen, wird dich im Alltag weiterbringen.

Müßiggang ersetzt nicht die Arbeit

Allerdings: Ohne ein gewisses Maß an Input wird auch der kreativ geschulte Geist nicht auskommen. Müßiggang allein wird sicher nicht zum Erfolg führen. Doch wenn du dich in ausreichendem Maße mit deinem aktuellen Thema befasst hast, ist eine »kreative Pause« auf jeden Fall angesagt. Wer das Ergebnis nicht sofort erzwingen will, kann damit rechnen, dass ihm die Lösung schon rechtzeitig einfallen wird. Erforderlich ist dazu ein Umdenken, das die Ergebnisse der Kreativitätsforschung anerkennt und einbezieht. Am Ende des Tages führt das nicht nur zu guten Betriebsergebnissen, die Mitarbeiter sind weitaus ausgeglichener als unter Dauerstress. Damit sinken Krankheitszeiten, das vermeintliche Tagträumen, das zur Entspannung gehört, ist also keineswegs »vergeudete« Zeit. Letztendlich kommt es darauf an, die Entspannung auch im Kleinen zu finden, sich ablenken zu lassen und den guten Gedanken wie einen guten Wein reifen zu lassen.

SPAZIERENDENKEN ALS QUELLE DEINER KREATIVITÄT

Was passiert mit einem Menschen, der einen Text möglichst schnell auswendig lernen soll, um ihn einem großen Publikum zu präsentieren? Wenn dieser Mensch steht, setzt er sich oft in Bewegung, während er den Text vor sich her sagt. Das geschieht ganz unwillkürlich und hat nur bedingt mit der nervösen Anspannung zu tun. Vielmehr vereinfacht die Bewegung das aktive Denken – und dies auf unterschiedlichste Weise.

Abgesehen von solch einer unwillkürlich einsetzenden Bewegung lässt sich die Denkleistung aber auch bewusst positiv beeinflussen. Das klassische Beispiel hierfür ist der Spaziergang. Neben gesundheitlichen Aspekten in Form von körperlicher Bewegung und frischer Luft regt ein Spaziergang auch das Denken an. Dies ist wissenschaftlich belegt. Ein entsprechendes Experiment wurde durch die Psychologin Sabine Schäfer des Max-Planck-Instituts für Bildungsforschung durchgeführt. Es beschäftigte sich mit dem Zusammenhang von Bewegung und Erinnerungsleistung und war in drei Abschnitte untergliedert. Je 32 Erwachsene und Kinder unterzogen sich einem Gedächtnistest. Beim ersten Durchlauf wurden die Teilnehmer auf ein Laufband gestellt und lernten während des Laufens. Die Geschwindigkeit konnten sie dabei selbst bestimmen. Im zweiten Durchlauf wurde die Geschwindigkeit vorgegeben. Im dritten

Abschnitt schließlich nahmen die Teilnehmer zum Lernen an einem Tisch Platz. Unabhängig von der Altersgruppe war der Lernerfolg auf dem Laufband deutlich höher als während des Lernens in sitzender Form. Außerdem lagen die Ergebnisse des ersten Abschnitts regelmäßig klar höher, weil keine Ablenkung durch ein fremdbestimmtes Tempo vorlag.

Die höhere Aktivität im Hirn ist messbar

In einem anderen Experiment, das Charles Hillman an der Universität von Illinois durchführte, ging es um die Auswirkung von körperlich aktiv genutzten Pausen während der Arbeit. Hierzu wurden die Teilnehmer in zwei Gruppen aufgeteilt. Während die eine Gruppe eine gewöhnliche Pause im Sitzen verbrachte, machte die zweite Gruppe einen Spaziergang von 20 Minuten. Nach der Rückkehr wurden bei beiden Gruppen Scans der Gehirne durchgeführt. Im Hinblick auf die Aktivität der verschiedenen Hirnregionen waren klare Unterschiede auszumachen. Bei den Probanden, die vom Spaziergang zurückgekommen waren, ließ sich ein deutlich höheres Maß an Hirnströmen nachweisen. Insofern täuscht der subjektive Eindruck nicht, dass nach einem Spaziergang die Gedanken deutlich klarer sind. Dieses Faktum ist tatsächlich messbar.

Auch die Kreativität wird angeregt

Körperliche Bewegung führt jedoch nicht nur dazu, dass wir uns Dinge besser merken können und allgemein wacher im Denken sind. Unsere Gedanken werden außerdem kreativer. Auch zu diesem Phänomen gibt es wissenschaftliche Untersuchungen. In diesem Fall handelt es sich um ein Experiment, dass von Simone Ritter, Ap Dijksterhuis und Rick van Baaren an der Radboud-Universität im niederländischen Nijmegen durchgeführt wurde. Dabei ging es um relativ einfache Aufgaben, die möglichst kreativ gelöst werden sollten. Eine dieser Aufgaben bestand darin, die Wartezeit in der Schlange an einer Kasse im Supermarkt attraktiver zu gestalten. Hierzu wurden die Teilnehmer in zwei Gruppen aufgeteilt, die beide eine Sammlung von Ideen zum jeweiligen Thema erarbeiteten. Im Anschluss sollten beide Gruppen eine Bewertung der Ergebnisse vornehmen. Gruppe 1 wurde dabei angewiesen, sofort mit der Einstufung zu beginnen, während Gruppe 2 noch zwei Minuten Zeit bekam, sich mit kleinen Spielchen abzulenken, ehe es an die Bewertung ging. Parallel stufte auch eine Jury die Qualität der Ideen ein.

Das Erste, was die Wissenschaftler bemerkten, war wenig spektakulär: Beide Gruppen entwickelten eine ähnliche **Zahl an Vorschlägen**, und bei beiden waren die Ideen auch vergleichbar gut und kreativ. Dann jedoch gab es eine interessante Erkenntnis: Die Gruppe, die vor der Einschätzung der Brauchbarkeit Gelegenheit hatte, sich abzulenken, erkannte deutlich besser, welche der erarbeiteten Ideen auch wirklich brauchbar war (55 Prozent). Nur 20 Prozent der Probanden ohne Ablenkungszeit fand die innovativsten Ideen heraus. Anders ausgedrückt: Wer sich zwischen dem kreativen Prozess und dessen Bewertung ablenkt (etwa durch einen Spaziergang), findet gut doppelt so viele gute Ideen.

Ideen brauchen ihre Zeit

Dieses Ergebnis verwundert nicht, wenn man sich vor Augen hält, in welcher Form gute Ideen in der Regel entstehen. Die Rede ist dabei häufig von Geistesblitzen, die plötzlich mitten im Alltag auftauchen. Ich hatte es im vorhergehenden Kapitel zum Thema Nichtstun bereits beschrieben: Diese Geistesblitze kommen selten aus dem Nichts. Vielmehr hat zuvor in der Regel eine intensive Beschäftigung mit dem Thema stattgefunden, ohne dass am Ende ein befriedigendes Ergebnis gestanden hat. Die intensive aktive gedankliche Beschäftigung mit einem Gegenstand lähmt oft die kreativen Teile des Denkens. Findet eine Beschäftigung mit anderen Dingen statt, wird die Kreativität wieder freigesetzt. Dies gilt vor allem dann, wenn diese andere Beschäftigung keine große geistige Beteiligung erfordert. Die besten Ideen entstehen deshalb tatsächlich oft beim Staubsaugen oder Abwaschen. Verstärken lässt sich dieser Effekt durch körperliche Bewegung, weil hierdurch auch das Denken in Wallung gerät. Wichtig ist deshalb nach einer Phase der intensiven Einarbeitung das Loslassen von der jeweiligen Materie. Wie das letztgenannte Experiment zeigt, genügen hierfür notfalls auch zwei Minuten. Allerdings kann davon ausgegangen werden, dass das Ergebnis nach einem längeren Spaziergang noch eindeutiger ausgefallen wäre.

Der ständigen Ablenkung entfliehen

Überhaupt stellt es mehr und mehr ein Problem dar, dass das Hirn während des Tages immer seltener zur Ruhe kommt. Neben einem fordernden Job ist auch die Freizeit häufig davon geprägt, viel Zeit vor Bildschirmen unterschiedlicher Größe zu verbringen. Echte Muße ist zu einem seltenen Luxusgut geworden. Dieser Trend lässt sich jedoch aktiv durchbrechen, und zwar durch eine so einfache Sache wie das Spazierengehen. Wer es dann noch schafft, sich tatsächlich für eine halbe oder Dreiviertelstunde von seinem Smartphone zu trennen und während des Spaziergangs keine Kopfhörer aufzusetzen, hat hohe Chancen auf echte Einsichten und wirklich neue Ideen.

TAGTRÄUMEN IM JOB – EIN TABU?

Das sogenannte Tagträumen ist zumeist mit negativen Aspekten behaftet und deutet übergreifend auf Faulheit und Desinteresse der behandelten Thematik hin. Besonders schwierig wird demnach das Tagträumen am Arbeitsplatz. Das Tagträumen während der Arbeit kann in deiner Umgebung so wirken, als seist du völlig desinteressiert. Das könnte dann zu negativen Auswirkungen führen. Schließlich wird ein gewissenhaftes und konzentriertes Auftreten erwartet. Das buchstäbliche Versinken in der eigenen Welt hat eher ein negativ behaftetes Image. Der Tagträumer wird auch gerne als Realitätsflüchtling angesehen. Abgesehen davon könnten deine Vorgesetzten oder Arbeitskollegen vermuten, dass du über keine ausreichende Disziplin verfügst, um dich auf deine Aufgaben zu konzentrieren.

Entgegen dem allgemeinen Konsens sorgt Tagträumen jedoch für zahlreiche positive Auswirkungen auf unser Gehirn und darauffolgend ebenfalls auf unser Arbeitsverhalten. Dem Ganzen wird also bei Weitem zu viel ablehnender Gegenwind entgegen geblasen.

Darum tagträumen wir

Tagträumen kann in sehr unterschiedlichen Situationen unseres Lebens auftreten. Es wird grundsätzlich durch zwei wesentliche Faktoren ausgelöst, die extreme Gegensätze darstellen. Dies erscheint allerdings nur auf den ersten Blick widersprüchlich, ergibt jedoch bei genauerer Betrachtung Sinn.

1. **Überforderung:**
   Mit der Überforderung, die in den meisten Fällen vor allem durch Stress ausgelöst wird, steigt das Bedürfnis nach einer Pause für das Gehirn. Speziell in Situationen, bei denen du dich bereits seit mehreren Stunden auf ein Thema konzentrierst und merkst, dass du vermutlich länger brauchen wirst, als in der Planungsphase angenommen, steigt dein Stresslevel förmlich von Minute zu Minute. In solchen Situationen neigt das eigene Gehirn dazu, von den ernsten Gedanken abzuschweifen und sich selbst eine Pause zu gönnen. Das Ganze wird oftmals durch den Faktor des Schlafmangels begünstigt – dein Gehirn braucht dringend eine Pause.

2. **Unterforderung:**
   Das Ganze kann jedoch genauso in der entgegengesetzten Richtung funktionieren. Sobald du mit einer Unterforderung konfrontiert wirst, neigt dein Gehirn ebenfalls dazu, mit den Gedanken abzuschweifen. Allerdings geht es diesmal viel eher darum, dass sich das Gehirn alten Erinnerungen oder auch zukünftigen Entscheidungen widmet, denn beides hat wohl im Moment eine größere Tragweite als das, was du gerade tust. Dein Gehirn sucht sich anspruchsvollere Betätigungen.

Die Vorteile des Tagträumens

Es existieren zahlreiche Vorteile, die anhand von Studien und Experimenten verifiziert worden sind.

- **Tagträumen verbessert dein Auffassungsvermögen sowie deine Kreativität.**
  Der Hirnforscher Andreas Fink fand mittels verschiedener Messungen heraus, dass sogenannte Alphawellen maßgeblich für das menschliche Gehirn sind, um kreative Gedanken fassen zu können. Auch das Erinnerungs- und Lernverhalten wird durch Alphawellen gefördert. Mithilfe von Tagträumen bist du demnach in der Lage, kreativere Impulse zu erhalten, die dir beispielsweise dabei helfen können, Präsentationen für deine Arbeit vorzubereiten oder zu verbessern.

- **Probleme können mithilfe von Tagträumen früher erkannt werden.**
  Mittels Hirnscans konnte die Psychologin Kalina Christoff herausfinden, dass bei regelmäßigen Tagträumern das sogenannte Default Network, also ein ganzes Netzwerk an Gehirnarealen, besser funktioniert als bei Personen, die sich nicht auf das Tagträumen einlassen. Die Neurowissenschaftlerin Muireann Irish stellte außerdem heraus, dass das Tagträumen die Fähigkeit zu denken fördert. Der Vorgang des Tagträumens, bei dem ständig Verknüpfungen verschiedener Gedanken und neuronaler Netze hergestellt werden, sei sogar vergleichbar mit dem Prozess, bei dem sich unser Gehirn entwickelt, was für gewöhnlich in jüngeren Jahren

der Fall gewesen war. Tagträumer können Probleme früher erkennen und kreative Lösungswege entdecken.

- **Tagträumen fördert die Konzentrationsfähigkeit.**
  Nach dem Kognitionsforscher Anthony Jack werden beim Tagträumen verschiedene Modi von Denkweisen durchlaufen, welche sich beispielsweise auf analytische, empathische oder sogar chaotische Grundlagen stützen. Während dieser Vorgänge werden jedoch die jeweils restlichen Denkweisen und Areale im Gehirn, die dafür zuständig sind, abgeschaltet und somit entlastet. Die Folge ist anschließend eine bessere Auffassungsgabe – du kannst dich wieder besser konzentrieren.

- **Tagträumen ist Meditation für das Gehirn.**
  Besonders in einem stressigen und nervenaufreibenden Alltag bei der Arbeit läuft das Gehirn auf Hochtouren. Meditationsübungen helfen dabei, dem Körper und auch dem Gehirn eine Pause zu verschaffen, doch sind derartige Übungen nicht an jedem Arbeitsplatz praktikabel. Das Tagträumen jedoch lässt sich durchaus an vielen Arbeitsplätzen für wenige Minuten ausüben. Die Auswirkungen auf das Gehirn sind bei Meditation und Tagträumen sehr ähnlich. Bereits wenige Minuten können dafür sorgen, dass das Gehirn wieder aufnahmefähig und kreativ werden kann.

SELBSTSTÄNDIGKEIT, SELBSTMARKETING UND GELDBEWUSSTSEIN

◇◇◇◇

Das Glück deines Lebens hängt von der Beschaffenheit deiner Gedanken ab.

Marc Aurel

Früher hatte ich eine Hassliebe zu Geld. Wenn viel da war, habe ich es geliebt. Wenn weniger oder nichts da war, konnte ich das Thema nicht ausstehen. Aber auch wenn genug da war, habe ich den Blick aufs Konto gehasst, weil ich immer das Gefühl hatte, ich hätte nicht genug. Dieser Glaubenssatz, »nicht genug zu haben«, hat sich natürlich in meiner Realität widergespiegelt. Ich habe das Geld so lange ausgegeben, bis es wieder nicht genug war. Spannend dabei ist vor allem, dass ich das auch mit viel Geld gemacht habe: Ich habe es verschenkt, verliehen oder meinen Kindern etwas gekauft (Auto, Auslandsjahr, Weltreise ...). So etwas passiert immer unbewusst, um eine innere Überzeugung zu bestätigen. Außerdem war da noch eine viel tiefere Überzeugung dahinter. Ich dachte: »Ich bin nicht gut genug.« Diese Überzeugung hat sich natürlich direkt auf meinen Geldfluss ausgewirkt. Das ist ja auch logisch, oder?

Geändert hat sich das bei mir vor vielen Jahren. Die wichtigste Erkenntnis war für mich die, dass Geld Ausdruck von Wertschätzung ist. Ja, genau: Geld ist praktisch gezeigte Wertschätzung. Wertschätzung bildet in meinem Leben eine wichtige Grundlage, zusammen mit meinen anderen Werten. Wertschätzung von Menschen, Erkenntnissen, Veränderungen, Ereignissen drückt sich bei mir durch Einverständnis aus. Ich bin einverstanden mit dem, was ist, und akzeptiere es vollständig. Ich wehre mich nicht, ich bekämpfe nichts, verurteile nicht und ich werte nichts durch meine Gedanken ab.

Seit Geld »nur« eine Ausdrucksform von Wertschätzung ist und ich ihm keine weiteren Bedeutungen verleihe, hat sich mein Umgang damit verändert. Heute kann ich Geld aus tiefstem Herzen in meinem Leben begrüßen, ist es doch die Wertschätzung, die mir meine Klienten und Projekte, ja sogar das ganze Leben, entgegenbringen.

Wertschätzung fängt jetzt an, in diesem Augenblick, und ist in allem, was ich tue, wofür ich lebe und auch mein Geld ausgebe. Meine Frage an dich: Wie viel Wertschätzung bringst du dir selbst, deiner Arbeit, deinem Beruf, all deinen Lebensumständen entgegen? Ich kenne keinen einzigen Menschen persönlich, der seinen Wert wirklich aus ganzem Herzen kannte, mit sich selbst wertschätzend umging und dabei wenig oder kein Geld hatte.

Sich tatsächlich mit seiner persönlichen Beziehung zum Thema Geld zu beschäftigen, ist eine der spannendsten Reisen überhaupt. Und auch sehr spirituell. Weil es am Ende immer darum geht, vollkommen bewusst erkannt zu haben: Fülle ist dein Geburtsrecht! Um in diese Fülle zu kommen, zeige ich dir verschiedene Wege, die dir dabei helfen, deinen Karriereweg auch erfolgreich zu gehen.

ERSETZE FALSCHE BESCHEIDENHEIT DURCH KLUGES SELBSTMARKETING

Ein altbekanntes Sprichwort lautet: »Bescheidenheit ist eine Zier, doch weiter kommt man ohne ihr.« Dieses Sprichwort entspricht zwar sicherlich nicht der privaten Sozialisation eines hochsensiblen Menschen – immerhin neigen sie zu einer ganz natürlichen Bescheidenheit und stehen nicht gerne im Vordergrund, vor allem, wenn sie introvertiert sind –, doch trifft es im Berufsleben auf jeden Fall zu. Wer im Berufsleben ständig Bescheidenheit an den Tag legt und seine Eigenleistungen unter den sprichwörtlichen Scheffel stellt, der wird schneller von Vorgesetzten ignoriert und klettert dementsprechend die Karriereleiter sehr viel langsamer herauf als diejenigen Kollegen, die eine gute Selbstpromotion beherrschen.

Dabei fällt es manchen Menschen sehr schwer, zwischen selbstherrlicher Arroganz und subtiler Selbstpromotion sicher zu unterscheiden. Diese Unterscheidung sollte jedoch von einem berufstätigen Menschen beherrscht werden. Übertriebenes Eigenlob ist sowohl ärgerlich als auch peinlich, subtile Selbstpromotion jedoch führt durch eine gesteigerte Aufmerksamkeit und fördert damit eine Zielerreichung.

Das gesunde Maß zu treffen, ist entgegen der landläufig weit verbreiteten Meinung nicht sonderlich schwierig. Auch hochsensible Menschen, denen die eigene Selbstdarstellung oft aus tiefstem Herzen widerstrebt, können die Fähigkeit der subtilen Selbstpromotion erlernen. Wer sich dagegen straubt, sollte sich stets vor Augen führen, dass auch die besten beruflichen Leistungen ins Nichts führen, wenn kein Mensch Notiz davon nimmt. Beim Thema Eigenlob gilt die Maxime: »Nur wer auffällt, fällt am Ende nicht durch ein möglicherweise vorhandenes Raster und zieht bei beruflichen Karriereschritten nicht den Kürzeren.«

Die goldene Mitte im Berufsleben finden

Wenn du im Berufsleben schon öfters gescheitert bist und die Gründe hierfür nicht kennst, kann es durchaus sein, dass das Selbstmarketing der Grund ist. In meiner Zeit als Partnerin in einer Unternehmensberatung mit dem Fokus Executive Coaching habe ich schnell gelernt, dass falsche Bescheidenheit einer der größten Karrierekiller ist: Selbst hochqualifizierte Bewerber auf eine Stelle hatten schlechte Karten, wenn sie nicht in der Lage waren, ihre fantastischen Qualifikationen auch in einem Bewerbungsgespräch überzeugend darzustellen. Dann wurde durchaus ein weniger kompetenter Mitarbeiter eingestellt, nur weil der sich besser vermarkten konnte. Das Gleiche gilt für den Erfolg als Unternehmer oder Freiberufler.

Zwar wird Arbeitnehmern mit ausgeprägtem Geschick für Selbstmarketing gelegentlich auch eine geringere Moral zugesprochen, sie werden im Gegenzug jedoch auch für erheblich kompetenter gehalten, als es bei bescheidenen Menschen der Fall ist. Der Ruf einer Person in Bezug auf die Kompetenz wird jedenfalls durch die Selbstpromotion gefestigt. Ein Mensch wird dann für kompetent gehalten, wenn er dies auch selbst von sich behauptet. Bescheidene Menschen hingegen haben eher einen guten Ruf in Bezug auf ihre (Arbeits-)Moral, doch dies bringt im Berufsleben eben nur sehr bedingt Erfolg mit sich.

Selbstpromotion erfordert ein hohes Maß an Fingerspitzengefühl, da es sonst in angeberische Wichtigtuerei ausartet. In der Geschichte der Menschheit finden sich hierfür zahllose Beispiele, die von Alexander dem Großen über Katharina die Große bis hin zu George Washington reichen. So betitelte sich Alexander der Große selbst als »Sohn des Zeus« und Katharina die Große las nur Briefe, die an sie als »Ihre Königliche Majestät« gerichtet waren. George Washington als Präsident der Vereinigten Staaten von Amerika bestand darauf, dass er mit »Seine Hoheit, Präsident der Vereinigten Staaten« angeredet wurde. Dies sind schlechte Vorbilder für eine gute Selbstpromotion, da Diven und Schaumschläger sich selbst eher nachhaltig schaden. Treue zu sich selbst, ist die wichtigste Maxime beim Selbstmarketing. Auf Dauer kann sowieso kein Mensch das ständige Theater als Diva durchhalten, weil es auch sehr schnell zu einer richtigen Farce werden kann und extrem anstrengend ist, sich selbst ständig zu verstellen.

Darum geht es beim guten Selbstmarketing auch gar nicht. Die kurzfristige Anerkennung bringt keinen Menschen weiter. Vielmehr geht es darum, auf Dauer einen guten Mehrwert zu erbringen und dies auch den Vorgesetzen »sehen« zu lassen. Hierfür gibt es durchaus bewährte Möglichkeiten im beruflichen Alltag, beispielsweise durch:

- schriftliche Zwischenberichte sowie Fortschrittsmeldungen an den Vorgesetzten,
- deutliche Wortmeldungen mit neuen und ausgearbeiteten Ideen in Meetings sowie
- Hilfsangebote an andere Kollegen, die zu einer positiven Mundpropaganda führen.

Die Regeln des Eigenlobs

Damit ein Eigenlob auch wirklich zum Erfolg führt, müssen natürlich einige Punkte beachtet werden. Sechs Punkte gelten als Grundregeln beim Eigenlob.

1. **Punkt: Deinen Mehrwert für andere herausstellen**
   Eine wichtige Kernregel des Selbstmarketings lautet, dass du nicht nur deine eigenen Taten bewerben solltest und dich schon gar nicht auf alten Erfolgen ausruhen darfst. Stattdessen solltest du vordergründig die aktuellen Vorteile deines Wissens und Handelns für andere Menschen betonen.

2. **Punkt: Selbstbewusstsein zeigen, ist Trumpf**
   Wenn du wirklich in der Lage bist, etwas Sinnvolles zu einer Thematik beizusteuern, darfst du nicht devot sein. Durch selbstbewusstes Auftreten kannst du zusätzlich zu dem Wissen noch punkten, während hingegen falsche Bescheidenheit eher Zweifel an deinen Fähigkeiten streut.

3. **Punkt: Direkt zum Thema kommen**
   Wenn es darum geht, dich selbst gezielt zu promoten, gehe keine Umwege! Bewahre dabei auf jeden Fall Stil und die vielberühmte Nonchalance. So wirst du auf dich aufmerksam machen können. Personen, die vielleicht überhaupt nichts mit der Thematik zu tun haben, sollten auch nicht von dir »belästigt« werden. Der Grat zwischen Spam und einer Nachricht mit echtem Mehrwert für diejenigen Personen ist schmal.

4. **Punkt: Höflich sein ist ein Muss**
   Um wirklich Mehrwert herüberbringen zu können, ist Timing absolut unerlässlich. Wenn du jemanden ansprichst, dann muss auch die Gelegenheit dafür stimmig sein. Alles andere wird sehr schnell als unhöflich angesehen und schadet eher deinem Ansehen, als dass es dir Vorteile bringt.

5. **Punkt: Keine Zeit verschwenden**
   Wenn es darum geht, Wissen weiterzutragen und durch Mehrwert zu punkten, solltest du direkt zum Punkt kommen. Vergiss hierbei niemals, dass die Zeit deines Gegenübers begrenzt ist und dass es sich mit der Aufmerksamkeitsspanne gleichermaßen verhält. Wenn du das Gefühl hast, dass dir Aufmerksamkeit geschenkt wird, solltest du diese Zeit auch direkt nutzen. Du darfst hierbei natürlich sehr gern engagiert und auch ein Stück weit leidenschaftlich agieren, allerdings solltest du direkt und konkret sein. Der weit verbreitete Irrglaube, dass vage oder generell formulierte und etwas geheimniskrämerische Informationen das Interesse oder die Neugier des Gegenübers steigern, ist im Berufsleben absolut tödlich. Vielmehr wird diese Art als Zeitverschwendung betrachtet, die dazu führt, dass dir eher keine Aufmerksamkeit mehr geschenkt wird.

6. **Punkt: Kontakt halten**
   Bedenke bitte immer, dass ein gutes Selbstmarketing ein stetiger Prozess ist. Es geht um eine Haltung gegenüber deinem beruflichen Umfeld, deinen Kollegen, Vorgesetzten, Kunden oder Mitarbeitern. Wenn es dir gelingt, dauerhafte Beziehungen aufzubauen und dementsprechend auch dauerhaft

auf dem Radar der anderen zu bleiben, hast du viel richtig gemacht bei deiner Sichtbarkeit für andere.

Ich stelle dir nun hilfreiche Strategien für dein Selbstmarketing vor.

SO ENTWICKELST DU EINE PASSENDE STRATEGIE FÜR DEIN SELBSTMARKETING

Viele hochsensible Menschen können ein Lied davon singen: Sie wissen, dass sie qualifiziert und sehr kompetent sind, weitaus mehr arbeiten als der Kollege in derselben Abteilung, und trotzdem haben sie das Nachsehen. Der Kollege, der das Leben bisher leichter genommen und nach dem Prinzip »mit einem Minimum an Aufwand das bestmögliche Ergebnis erreichen (gerne auch hin und wieder mit den Arbeiten anderer)« gelebt hat, behält die Oberhand. Du hast dagegen zwar viele Überstunden geleistet, um zu zeigen, was du kannst, hast aber dennoch das Nachsehen. Obwohl es in dir rumort und du die Situation als ungerecht empfindest, sagst du nichts. Es liegt dir als feinfühligem Menschen einfach nicht, dich in den Vordergrund zu stellen. Wenn dir geraten wird: »Du musst dich auch mehr zeigen, Gutes tun und zur rechten Zeit darüber sprechen«, bist du eher peinlich berührt, als dass dich das zum Handeln motiviert. »Das ist mir unangenehm. Ich möchte doch nicht als Angeber verschrien sein« ist vielleicht ein Satz, der auch von dir stammen könnte. Mit dieser Einstellung ist aber nichts zu gewinnen. Wenn man stumm leidet, sich im Hintergrund die Finger wund arbeitet und sich wünscht, endlich entdeckt zu werden, wird das nicht funktionieren. Das gibt es nur in Märchen wie *Aschenputtel*, nicht aber in der rauen Arbeitswelt.

Darum geht es beim Selbstmarketing im Job

Auf keinen Fall geht es beim Selbstmarketing um eine narzisstische Darstellung deiner selbst, das habe ich ja bereits deutlich gemacht. Es geht natürlich schon gar nicht darum, dass man sich künstlich verstellt und Unwahrheiten über sich verbreitet. Ein weiterer Fehler wäre auch, andere öffentlich kleinzumachen, um selbst groß zu erscheinen.

Selbstmarketing für Hochsensible ist edel und will bewusst die eigenen Stärken betonen, denn jede hochsensible Person besitzt Eigenschaften, Talente, Kompetenzen und ein spezifisches Wissen. Das alles gilt es mit einer intelligenten Selbstmarketingstrategie zu entfalten und für sich erfolgreich zu nutzen.

Im klassischen Produkt- und Dienstleistungsmarketing geht es darum, den richtigen Marketingmix zu finden. Dieser besteht aus den vier Ps Product, Price, Promotion (Kommunikationspolitik) und Place. Was bedeutet das nun für dein Selbstmarketing?

Im ersten Schritt gilt es, das Produkt – dich selbst – unter die Lupe zu nehmen. Natürlich bist du als Mensch kein »Produkt« und kein reiner »Produktionsfaktor«, als der ein Mensch in der Betriebswirtschaftslehre oftmals bezeichnet wird. Du bist ein einzigartiges, feinsinniges Wesen mit deinen universalen Eigenschaften, Talenten und Fähigkeiten. Genau diese lohnt es zu entdecken, dir bewusst zu machen und zu entfalten. Wie kannst du das bewerkstelligen?

Product 1. Schritt: Mach eine Liste

Ein Ansatz ist, dass du eine Liste anfertigst, auf der du alles notierst, was du von deinen ersten Lebensjahren an bis heute getan (geleistet) hast – ohne zu selektieren, egal, wie banal es dir auf den ersten Blick erscheinen mag. Vielleicht fällt dir gerade ein, dass du dich in deinem Leben häufig in Situationen gefunden hast, in denen du Unvorhersehbares meistern musstest. Gehörst du zu den fünf besten Abiturienten deines ehemaligen Gymnasiums? Hast du ein einzigartiges Projekt in deinem Betrieb umgesetzt oder stehst du mit deinem Lebenspartner im Krisen- und Konfliktmanagement?

Product 2. Schritt: Selektiere deine Lieblingstätigkeiten

Wenn du deine Liste fertiggestellt hast, finde heraus, was du besonders gern tust. Markiere also auf deiner Liste die Tätigkeiten, bei denen du rückblickend mit Elan, Leidenschaft und Freude bei der Sache warst. Dies gibt Aufschluss darüber, welche Stärken und Kompetenzen besonders gut in dir entwickelt sind.

Product 3. Schritt: Erkenne die Kompetenzen in dir

Im nächsten Schritt analysierst du detailliert, welche Kompetenzen nötig waren oder sind, um diese Aufgaben zu bewältigen.

Beispiel: Hattest du ältere Brüder, gegen die du dich immer behaupten musstest? Dann wurde womöglich deine Fähigkeit entwickelt, dich auch in Situationen zu behaupten, in denen du vermeintlich unterlegen bist. Du hast gelernt, deine Stimme zu erheben, auch wenn du damit rechnen musstest, starken Gegenwind zu bekommen. Du bist darin geübt, deine Meinung zu vertreten oder Wege zu finden, dein Ziel auch gegen große Widerstände zu erreichen. All das sind Fähigkeiten, die zum Beispiel in Führungspositionen benötigt werden. Ein anderes Beispiel: Hast du schon immer gern und viel gelesen? Dann hast du mit Sicherheit die Kompetenz entwickelt, dich in ein Thema konzentriert zu vertiefen, schnell die wichtigsten Botschaften aus einem Text zu filtern und diese anzuwenden.

Wenn du diese Fähigkeiten hast, dann solltest du genau überlegen, wie stark sie in dir ausgeprägt sind, auf welchem Niveau du sie einsetzen kannst und welche Qualifikationen du hast, mit denen du sie nachweisen kannst.

Price: Finde deinen Preis

Jetzt geht es darum, den richtigen Preis zu finden. Unter Wert sollte sich niemand verkaufen. Denn dann wird ein Mensch entweder nicht ernst genommen oder unter seinem Niveau bezahlt. In einem Wirtschaftsmagazin erklärte ein Unternehmer vor einigen Jahren, dass er nur Männer in Führungspositionen einstellt. Da dies aber gegen das allgemeine Gleichstellungsgesetz verstieße, habe er beschlossen, das Gehalt in der Stellenausschreibung so hoch anzusetzen, dass keine oder kaum eine Frau den Mut habe, sich auf die ausgeschriebene Position zu bewerben. Falsche Bescheidenheit oder das Gefühl, seinen

Preis nicht wert zu sein, führt auf der Karriereleiter nicht weiter.

Promotion 1: Sei präsent

Wichtig ist, sich zum richtigen Zeitpunkt zu zeigen. Wenn du eine tolle Präsentation im Angesicht deines Schweißes, mit viel Herzblut, professionellem Know-how und fachlicher Brillanz erstellt hast, solltest du sie nicht von deinem Kollegen halten lassen, nur weil du zu schüchtern bist. Der Kollege wird die Lorbeeren ernten, du aber wirst aller Wahrscheinlich nach leer ausgehen.

Wer ein Konzept zur Verbesserung der betrieblichen Produktionsprozesse hat, sollte es mutig vorschlagen und dafür eintreten. Denn das bringt dich weiter. Allerdings ist bei alldem auch Fingerspitzengefühl gefragt, denn wer außergewöhnlich gut ist, hat auch viele Neider – im schlimmsten Fall sogar Feinde. Es geht also darum, deine Fähigkeiten und Leistungen mit viel Authentizität und gesundem Selbstbewusstsein, aber auch mit Umsicht, Weitsicht und Klugheit zu zeigen, ohne das Ansehen des Kollegen und Mitkonkurrenten zu untergraben. Dafür brauchst du Klarheit, ein gesundes Vertrauen in das eigene Können und das Wissen, dass die Welt nicht untergeht, wenn du einmal Fehler machen solltest und etwas danebengeht.

Promotion 2: Lerne aus Fehlern

Ein Faktor in puncto Selbstmarketing ist auch das Zauberwörtchen »Resilienz«, also die Fähigkeit, aus Fehlern und Rückschlägen zu lernen, aufzustehen und mit dem, was man für die

Zukunft gelernt hast, weiterzugehen. Wer diese Fähigkeit zielführend kommuniziert, wird respektiert und ernst genommen – als hochgeschätzter Spezialist und Fachexperte, möglicherweise aber auch für den nächsten Karriereschritt. Wer in sich ruht und eine lebens- und menschenbejahende Ausstrahlung hat, »kommuniziert« Sympathie, Würde, Kompetenz und das Gefühl zu wissen, was er tut.

Promotion 3: Kommuniziere geschickt

Sei dir bewusst, dass du nicht *nicht* kommunizieren kannst. Egal wie passiv oder aktiv du auftrittst, wie aufgerichtet oder gekrümmt, wie laut oder leise: Du drückst immer etwas über dich aus und sendest Signale an deine Mitmenschen. Diese Signale entscheiden darüber, wie du wahrgenommen und beachtet (oder nicht beachtet) wirst.

Im Zuge der Kommunikation gilt es auch, die sozialen Medien nicht aus dem Blick zu verlieren. Doch auch hier kommt es auf das WIE an: Mach dir also klar, wie du auf Twitter, Facebook und Co. wahrgenommen werden willst, und betreibe eine entsprechend kluge Kommunikationspolitik.

Place: Zeige dich den richtigen Personen

Im Grunde leitet sich der »Place« von dem bisher Gesagten ab. Es ist eben nicht egal, wo du dich vorstellst und deine »Duftmarken« setzt. Es nutzt nichts, wenn du deinen Kollegen von deinen Leistungen und Alleinstellungsmerkmalen erzählst. Deinen Chefs und den Entscheidungsträgern im Unternehmen müssen sie ins Auge fallen und dort müssen sie für einen »Call to

Action« sorgen. Die Vorgesetzten müssen dich wollen – und das sollte ihnen etwas wert sein. Nicht zuletzt sind auch externe Akteure wie Kunden oder Netzwerkpartner nicht zu unterschätzen. Wenn du es schaffst, dass sie Mundpropaganda für dich betreiben, hast du in puncto Selbstmarketing viel erreicht.

DIE KLEINE CHECKLISTE FÜR DIE HOSENTASCHE ODER: WAS DU AUF KEINEN FALL AUS DEN AUGEN VERLIEREN SOLLTEST

- Die eigenen Stärken, Qualitäten, Qualifikationen, Kompetenzen und Alleinstellungsmerkmale erkennen, zusammentragen
- und bewerten, sprich: den richtigen Preis festlegen,
- getreu dem Motto: »Tue Gutes und sprich darüber«
- am richtigen Ort, zum richtigen Zeitpunkt und zu den richtigen Menschen.

Selbstmarketing braucht Mut, aus der Menge herauszustechen, den Willen, das zu zeigen, was man kann, eine gewisse Immunität gegen Neider, aber auch die Fähigkeit, andere für sich zu gewinnen. Aber es lohnt sich! Gehen wir noch einen Schritt weiter …

PERSONAL BRANDING FÜR HOCHSENSIBLE UND EINE STEILE KARRIERE

Du hast viel und harte Arbeit in deinen Lebenslauf gesteckt. Er ist ausgefeilt und professionell. Aber was machst du, wenn du mit Dutzenden anderer Kandidaten mit ebenso eindrucksvoll aussehenden Bewerbungen konkurrieren musst? Personalmanager erhalten jeden Tag Dutzende von Bewerbungen, wenn es darum geht, eine Position in einem Unternehmen neu zu besetzen. Obwohl du einen hervorragenden Lebenslauf hast, die nötigen Qualifikationen und Erfahrungen, benötigst du manchmal mehr, um wirklich weiterzukommen.

Hier kommt Personal Branding ins Spiel. Auch wenn du der Beste für den Job bist, ist das aus deinem Lebenslauf nicht immer direkt herauszulesen. Du hast die Freiheit, dich als Marke zu definieren und Aufmerksamkeit zu generieren. Besonders Freiberufler, Führungskräfte, Wissenschaftler, aber im Grunde alle Mitarbeiter, die einen wichtigen gesellschaftlichen Beitrag leisten, sollten auf ein Personal Branding nicht verzichten.

Die Pflege einer persönlichen Marke ist kein kurzfristiges Projekt, so wie es beim Selbstmarketing der Fall ist (s. Seite 231). Es ist ein langfristiger Prozess, der sich mit zunehmender Karriere über viele Jahre weiterentwickelt. Aber keine Sorge, es muss nicht schwer sein, eine persönliche Marke zu schaffen. Es erfordert nur ein wenig Engagement und strategisches Denken. Mit einer Personenmarke, die auch deiner Empfindsamkeit entspricht, bringst du deine Karriere auf ein neues Level.

Was ist Personal Branding?

Es wird viel über persönliche Marken gesprochen, aber die Definition ist nicht immer klar. Im Wesentlichen besteht eine persönliche Marke darin, wie man sich seinem (potenziellen) Arbeitgeber, Auftraggeber oder Kunden online präsentiert. Die eigene Marke entsteht Schritt für Schritt mit jeder öffentlichen Aktion. Jeder Blogbeitrag, jedes XING- oder LinkedIn-Update und das Profilbild eines Social-Media-Netzwerks ist eine großartige Gelegenheit, diesen Personengruppen etwas mehr über sich selbst zu erzählen.

Warum eine Personenmarke sehr wichtig ist

Wenn es um den Aufbau einer persönlichen Marke geht, lehnen manche Leute den Prozess als zu zeitaufwändig ab oder erachten es als nicht so wichtig. Es ist wahr – du musst viel Zeit und Energie in das Branding investieren. Aber die Idee, dass der Aufbau einer persönlichen Marke nicht wichtig ist, ist einfach falsch, denn eine Menge Leute suchen im Internet nach deinem Namen in jeder Phase deiner beruflichen Karriere.

Unabhängig von deinem Alter oder deinem beruflichen Status wirst du online von allen möglichen Personen überprüft. Was sie finden, kann große Auswirkungen auf dein berufliches (und persönliches) Wohlbefinden haben. Viele Arbeitgeber stellen heute bereits keine Kandidaten ohne eigene Onlinepräsenz mehr ein. Wer seine Onlinereputation nicht professionell verwaltet, verliert schnell an sozialem Kredit. Kurz gesagt: Wer nicht zu finden ist, existiert für viele Menschen nicht spürbar. Er hinterlässt keine Wirkung und keinen Fußabdruck in dieser Welt.

Personal Branding ist ein richtiger Schritt auf dem Weg zu deinen Zielen. Unabhängig von der Branche oder deinem beruflichen Status hast du durch eine persönliche Marke die Möglichkeit, alle Arten von Aufstiegschancen zu nutzen oder auszuschöpfen. Wenn dir der Aufbau deiner Marke wie harte Arbeit vorkommt, denke daran, dass dies ein wesentlicher Bestandteil deiner Karriere ist. Und bedenke auch, dass die größten Investitionen beim Personal Branding aus der Bereitstellung von Ressourcen, Zeit und Aufwand bestehen. Unterscheide dich von deinen Mitbewerbern und übernimm die Kontrolle über deine persönliche Marke.

So baust du deine eigene Personenmarke auf

Personal Branding ist ein fortlaufender Prozess, dich als Marke zu präsentieren. Diesen Prozess kann man in folgende Phasen einteilen:

- eine Markenbasis definieren
- Glaubwürdigkeit und Reputation herstellen
- Chancen gezielt nutzen

Bevor du mit dem Aufbau deiner persönlichen Marke beginnst, musst du zunächst wissen, welches Bild du in den Suchergebnissen vermittelst. Führe eine Internetsuche durch, damit du weißt, was andere über dich zu sehen bekommen, wenn sie deinen Namen eingeben. Ist ein uralter Aufsatz dein bestes Ergebnis, gefolgt von einem Eintrag im Reiseblog deiner Tante? Auch wenn dies keine bösen Ergebnisse sind, sind sie nicht mehr relevant und könnten dir eher schaden.

Mach dir keine Sorgen über das, was du findest. Bevor du daran gehst, eine effektive persönliche Markenstrategie zu entwickeln, musst du wissen, welche Suchergebnisse deinem Ruf schaden könnten. Sobald du weißt, welche Suchergebnisse eng mit deinem Namen verknüpft sind, kannst du sie entfernen. Beginne mit den einfachen Dingen wie Beiträge, Bilder, Videos, Kommentare usw. Diese kannst du recht einfach downloaden, um sie für dich zu archivieren, und anschließend online löschen. Nimm dir etwas Zeit, alle deine Social-Media-Profile und dein Profil auf deiner Website durchzugehen.

Entferne alles, was nicht deiner Vision für eine persönliche Marke entspricht oder nicht relevant genug ist. Aufräumen kann manchmal schwierig sein, auch wenn du in den sozialen Medien nicht besonders aktiv warst. Es besteht immer die Möglichkeit, dass ein viele Jahre altes Posting, ein Kommentar oder ein Bild – selbst wenn du dies gar nicht geschrieben oder veröffentlicht hast – deine Personal-Branding-Strategie sabotieren kann.

Eine Markenbasis definieren

Nachdem du die vorhandenen Fundstellen bereinigt hast, solltest du über die persönliche Marke nachdenken, die du aufbauen willst. Du erstellst deine eigene Marke, indem du die einzigartigen Elemente identifizierst, die dich ausmachen. Was ist deine persönliche Marke? Was willst du erreichen? Für was willst du dich engagieren und wie soll das online aussehen? Dazu ist die Beantwortung der folgenden beispielhaften Fragen hilfreich:

- Wer bist du?
- Was macht dich einzigartig?
- Was ist deine Vision für deine persönliche Marke?
- Was ist dein Ziel mit Personal Branding?
- Was sind deine beruflichen Ziele?
- Wer ist dein Publikum?
- Wem kannst du helfen?
- Wie kannst du ihnen helfen?
- Was unterscheidet dich von anderen?
- Was macht dich zuverlässig oder vertrauenswürdig?
- Wie willst du dein Fachwissen beweisen?

Bevor du mit dem Aufbau deiner persönlichen Marke beginnst, überlege dir, welche Informationen du über die eigenen Erfolge mitteilen möchtest. Beispiele dafür findest du im Internet. Wenn du darüber nachgedacht hast, was dich von anderen unterscheidet, kannst du beginnen, deine Werte in deiner Onlinepräsenz oder in den sozialen Netzwerken zu präsentieren. Die Beiträge sollten dein Fachwissen, dein Engagement, deine Leistungen oder Angebote widerspiegeln.

Glaubwürdigkeit und Reputation herstellen

In einem weiteren Schritt geht es darum, Glaubwürdigkeit aufzubauen. Nutze deine persönliche Marke, um glaubwürdige Platzierungen in relevanten Veröffentlichungen und Kanälen Dritter zu erhalten und deine Inhalte zu verbreiten. Neben der fortlaufenden Erstellung von Inhalten, die du auf von dir kontrollierten Websites und Profilen veröffentlichst, ist es wichtig, anderen (und den Suchmaschinen) zu zeigen, dass du relevant und sachkundig bist. Durch das Publizieren auf angesehenen und qualitativ hochwertigen Plattformen wird diese Glaubwürdigkeit hergestellt.

Erstelle einzigartige, qualitativ hochwertige Inhalte, um bei deinem Publikum bekannt zu werden und mehr berufliche Möglichkeiten zu gewinnen. Du weißt nie genau, wie oder wann ein von dir veröffentlichter Inhalt von einem potenziellen Geschäftspartner, Kunden oder Mitarbeiter gelesen wird.

Chancen gezielt nutzen

Versäume nicht, deine persönliche Marke konsequent und erfolgreich weiterzuentwickeln. Ohne dein Online-Engagement begrenzt du das potenzielle Wachstum deiner Karriere. Wenn du das Talent und die Motivation hast, aus deiner Person eine bekannte Marke zu schaffen, werden sich dir viele Türen öffnen.

Bei der Entwicklung deiner persönlichen Marke ist Sichtbarkeit eine Notwendigkeit. Um die Sichtbarkeit zu erhöhen, solltest du mit deinem Publikum zusammenarbeiten. Eine laufende Erstellung wichtiger Inhalte und eine gute Vernetzung ist dabei eine bewährte Strategie und Vorgehensweise, um Chancen oder Angebote, die sich dadurch auftun, gezielt zu nutzen.

ERFOLGSBREMSE UND ERFOLGSBOOSTER FÜR HOCHSENSIBLE

Ist Geben seliger denn Nehmen? Die Wichtigkeit und die Vorzüge des Gebens gegenüber denen des Nehmens wird in den verschiedenen Weltreligionen ebenso betont, wie sie auch von

Psychologen, Therapeuten und Coaches immer wieder hervorgehoben werden. Der Grundsatz spiegelt sich im Alltagswissen ebenso wie in einer Reihe von Sprichwörtern wider.

Was jedoch zunächst als Vorgabe eines moralischen Anspruchs oder eines Ideals abseits der Wirklichkeit erscheint, wird von einem Wissenschaftler als wichtiges Erfolgsprinzip im Berufsleben beschrieben. Dabei geht es nicht etwa um den Verzicht auf Erfolg zugunsten eines moralischen Anspruchs. Ganz im Gegenteil: Auf Basis des Gebens lässt sich ein erfolgreicheres Leben führen. Wer gerne gibt, bekommt dadurch auch selbst etwas zurück. Dies ist ein universelles Wirkprinzip, das der Grundstein deines Erfolges werden kann. Geben und Nehmen ist ein wichtiges Motto für Erfolg, das gilt natürlich auch für hochsensible Menschen. Das Motto hilft dir auf dem Weg zu einem besseren und zugleich erfolgreicheren Leben.

Hochsensible Menschen sind sehr oft (aber nicht immer) gebende, schenkende Menschen. Aber leider gibt es dadurch auch einen Wermutstropfen. Ein Geber zu sein, ist für viele Hochsensible auch eine heftige Erfolgsbremse.

Ist das eine Erfolgsbremse und ein Erfolgsbooster gleichzeitig?

Ja. Ich erkläre dir, warum. Geber zu sein, ist wunderschön. Hochsensible Menschen vergessen leicht, darauf zu achten, dass sie für ihre geleistete Arbeit auch etwas zurückbekommen. Ihr Geben geschieht einseitig, wodurch sie leicht übervorteilt, ausgenutzt und ermüdet werden. Das muss aber nicht sein, und das muss vor allem nicht so bleiben.

Adam Grant, 32 Jahre alt, Harvard-Absolvent und der jüngste Professor an der Wharton School, einer renommierten Wirtschaftsfakultät der University of Pennsylvania, hat mehr als sieben Jahre lang Hinweise auf die wirksamsten Erfolgsstrategien in der Arbeitswelt gesammelt und ausgewertet. Was er herausgefunden hat, könnte vielleicht deine Vorstellung von Erfolg und Karriere auf den Kopf stellen.

DIE DREI GRUNDTYPEN DES BERUFLICHEN HANDELNS

Grant zufolge gibt es drei Typen, um das Verhalten aller Berufstätigen zu erfassen: Nehmer, Tauscher und Geber. Der Nehmer rafft alle Güter an sich. Er strahlt förmlich aus, dass er nicht bereit ist, etwas zurückzugeben. Solche Menschen kennst du aus deinem Alltagsleben sicherlich reichlich. Durch ihre Haltung sorgen die Nehmer dafür, dass die meisten Menschen nicht gerne viel mit ihnen zu tun haben möchten.

Menschen, die als Tauscher agieren, geben etwas, weil sie sich zu einem späteren Zeitpunkt einen Vorteil davon erhoffen. Sie knüpfen Kontakte vor dem Hintergrund der Frage, was ihnen diese Kontakte im Tausch potenziell nutzen können. Die Tauscher haben mehr Kontakte. Aber indem sie das Nutzenprinzip ihrer Kommunikation zugrunde legen, nehmen sie sich eine Vielzahl von Entwicklungsmöglichkeiten.

Der Geber schließlich gibt, ohne einen direkten Gewinn zu erwarten. Auf diese Weise passiert auf der kommunikativen Ebene etwas Besonderes: Das allgemeine Nutzenprinzip wird überschritten und es entsteht ein offener Austausch, der vom Gegenüber als besonders befruchtend wahrgenommen wird. Im Idealfall werden so ganz neue Potenziale entwickelt. Im offenen

Gespräch können neue Möglichkeiten ausgelotet werden. Dennoch scheint vor allem beim Gebenden die Gefahr groß zu sein, dass er ausgenutzt wird – und in der Hierarchie auf der Strecke bleibt.

Tatsächlich zeigen Studien quer durch alle Berufsfelder: In einem breiten Mittelfeld sind der Nehmende und der Tauscher relativ gleichmäßig verteilt. Ganz unten auf der Karriereleiter stehen überwiegend Gebende. Viele Hochsensible gehören leider auch dazu. Sie geben und geben, können schlecht Nein sagen, hoffen auf Anerkennung und Wertschätzung, vermeiden Konflikte und tun viel, nur um Harmonie zu erhalten oder zu erreichen. Zudem vergessen sie, dass sie sehr genau darauf achten müssen, WEM sie etwas schenken, denn es gibt Menschen, die immer nur nehmen, aber nichts zurückgeben: weder Wertschätzung noch Anerkennung.

Die erfolgreichsten Menschen sind ebenfalls Gebende!

Bist du überrascht? Ausgerechnet derjenige, der vorwiegend an andere denkt, steigt offenbar am ehesten auf. Die Gebenden sind also ebenso erfolglos wie besonders erfolgreich. Das Geben ist Erfolgsbremse und Erfolgsbooster zugleich. Wie ist das möglich?

Der Unterschied zwischen erfolgreichen Gebenden und jenen, die nicht erfolgreich auf den unteren Sprossen der Karriereleiter stehen bleiben, ist leicht erklärt. Geber, die Spitzenpositionen erreichen, geben weniger oder gar nichts, wenn sie sonst ihre eigenen Aufgaben nicht mehr bewältigen können.

Zum Selbstschutz werden sie vorübergehend zu Tauschern oder sogar zu Nehmenden. Sie erkennen: Eigeninteresse und Fremdinteresse sind keine Gegensätze, sondern zwei völlig unabhängige Faktoren. Das Geheimnis der erfolgreichen Gebenden/Schenkenden liegt in der Kombination: Sie verfolgen sowohl das Fremdinteresse als auch das Eigeninteresse. Neben ihrer Art, mit Menschen zu kommunizieren und ein Netzwerk aufzubauen, haben die Gebenden drei weitere Erfolgsfaktoren, die zum großen Teil auf ihrer Empathie und Empfindsamkeit beruhen:

Erfolgsfaktor Nr. 1: Zusammenarbeit

Die Zusammenarbeit mit Gebenden ist leichter als mit anderen. Gebende versetzen sich in die Lage des Gegenübers, weil ihnen dessen Wohl wichtig ist. Sie denken an alle, das macht den Umgang und die Geschäftsbeziehung mit ihnen angenehm.

Erfolgsfaktor Nr. 2: Verhandlungsgeschick

Der zweite Erfolgsfaktor liegt in der Art, wie Gebende verhandeln. Während die Nehmenden besonders selbstsicher auftreten und versuchen, möglichst viele ihrer Interessen durchzudrücken, sprechen sensible Gebende von vornherein auch Problemfelder an. Sie wollen ein Ergebnis, das alle zufrieden stellt. Auf den ersten Blick schwächt das ihre Verhandlungsposition, steigert aber ihre Glaubwürdigkeit. Noch während der Verhandlung fühlt der Gesprächspartner den Respekt, der ihm entgegengebracht wird: »Da ist jemand ehrlich mit mir.« Studien belegen, dass Gebende bei Verhandlungen damit ähnlich gute Ergebnisse erzielen wie

Tauschende und Nehmende. Und ihre Geschäftspartner bleiben ihnen über eine längere Zeit erhalten.

Erfolgsfaktor Nr. 3: Vertrauen

Es gibt einen weiteren wichtigen Erfolgsfaktor: Gebende warten nicht auf Zeichen von Potenzial. Sie vertrauen von vornherein in die Fähigkeiten anderer. Gebende neigen dazu, Potenzial in jedem zu sehen. Die Nehmenden hingegen setzen von Natur aus wenig Vertrauen in andere – schließlich kämpft in ihrer Vorstellung von der Arbeitswelt jeder für sich selbst. Tauscher sind offener und gewillt, das Potenzial anderer zu fördern. Aber sie wollen erst sichergehen, dass ihre Unterstützung sich auszahlt – und nicht immer ist das Potenzial gleich ersichtlich.

Ein sensibles Gleichgewicht

Was sensible Gebende hoffnungsfroh stimmt, ruht allerdings auf einem recht zarten Gleichgewicht. Was ist, wenn ein Gebender in seinem grenzenlosen Optimismus und Glauben an den anderen an einem Mitarbeiter zu lang festhält, obwohl der völlig überfordert ist und die Abläufe bremst? Wenn man bei einer Verhandlung, die niemals für alle zufrieden stellend sein kann, aus Zurückhaltung der eigenen Firma schadet? Es lauern Fallen im vermeintlich vorteilhaften Verhalten der Gebenden. Um sie zu vermeiden, brauchen Geber neben dem erwähnten Eigeninteresse auch die Fähigkeit, um Unterstützung zu bitten. Dann sind sie erfolgreich.

Wer nun selbst ein Gebender werden möchte, sollte allerdings auf seine Motive achten, denn wenn ein Gebender nur seine eigenen Ziele zu erreichen sucht, wird es wahrscheinlich nicht funktionieren. Du kannst als Geber nur erfolgreich sein, wenn du richtig viel Freude am Geben hast.

Gesunde Selbstachtsamkeit

Es sind nicht die selbstlosen Altruisten, die erfolgreich sind, sondern jene, die gleichzeitig auch an sich denken und ebenso ehrgeizig und leistungsorientiert wie Nehmer und Tauscher sein können. Solche Geber sind keine Übermenschen, sondern mit sich im Reinen: Sie geben gern und ohne berechnende Absicht, aber natürlich suchen sie auch Anerkennung. Erfolgreiche Geber freuen sich auch am eigenen Erfolg. Diesen aber definieren sie eher darin, jemandem wirklich geholfen zu haben als darin, einen guten Umsatz gemacht zu haben.

Weitere Erfolgsprinzipien für Geber

Es sind bestimmte Prinzipien deutlich erkennbar, durch die sich erfolgreiche Geber auszeichnen.

- Erfolgreiche Geber geben wenig an Nehmer;
- sie nehmen gerne für andere Menschen;
- sie geben gerne auch viel;
- sie verlieren dabei die eigenen Interessen nie aus den Augen.

Indem sie so agieren, organisieren sie sich bewusst mit Menschen, mit denen sich produktiv arbeiten lässt. Sie agieren so, dass zum Nutzen der Gemeinschaft etwas auf die Beine gestellt wird, von dem viele Menschen profitieren. Geber geben so, dass auch etwas Großes daraus entstehen kann, und sie geben nur so viel, dass sie selbst immer handlungsfähig bleiben.

Sein und Haben – zwei Lebensweisen

Gänzlich neu sind diese Überlegungen übrigens nicht: Der Sozialpsychologe Erich Fromm stellte in seinem berühmten Buch *Haben oder Sein* (1976) die Vorteile des Seins gegenüber denen des Habens hervor. Während die eine Lebensweise auf die Aneignung von Besitz abziele und sich dies in allen Lebensbereichen zur Grundlage mache, ziele die Lebensweise des Seins auf ein bewusstes Leben ab. Wer sich etwas aneignet, nur um es zu besitzen, eignet sich nach Fromm einen toten Besitz an. Wer dagegen in der Lebensweise des Seins agiert, nimmt die Welt offen wahr. Um sich einer Person oder einer Sache offen zu widmen und eine Erfahrung im Verhältnis mit ihr zu machen, muss man diese in den wenigsten Fällen besitzen. Der Verzicht auf das Prinzip des Habenwollens ist nach Fromm der Schlüssel zum Sein und zu einer aktiven und bewussten Wahrnehmung der Welt.

SELBSTSTÄNDIGKEIT ALS CHANCE FÜR HOCHSENSIBLE MENSCHEN

Viele Arbeitgeber beschäftigen gerne Mitarbeiter, die sich aufgrund ihrer Empfindsamkeit positiv von anderen unterscheiden: Sie besitzen in der Regel ein weit überdurchschnittlich hohes

Maß an Einfühlungsvermögen und anderen Social Skills, sodass sie eine wertvolle Bereicherung jedes Teams darstellen. Auch die gewissenhafte Erledigung aller Aufgaben, kreatives und unkonventionelles Denken gehören zu den Stärken vieler hochsensibler Menschen, für die sie viel Wertschätzung von Kollegen und Chefs erfahren.

Wenn du hochsensibel bist, kennst du aber mit großer Wahrscheinlichkeit auch anstrengende Situationen in deinem Alltag als Angestellter: Du musst ständig eine große Vielzahl von verschiedenen Reizen, die während deiner Arbeit auf dich einwirken, verarbeiten und bewältigen. Außerdem ist es in den meisten Unternehmen erforderlich, dich einem vorgegebenen, fremdbestimmten Arbeitsrhythmus anzupassen.

In diesem Zusammenhang kann eventuell eine selbstständige Tätigkeit eine interessante Alternative für Menschen mit Hochsensibilität darstellen. Diese Art der Berufstätigkeit gibt dir die Möglichkeit, dir deinen Arbeitsalltag so zu gestalten, dass er optimal zu deinen Fähigkeiten und Bedürfnissen passt. Auch bei einer selbstständigen Tätigkeit profitierst du von den positiven Eigenschaften deiner hochsensiblen Persönlichkeit, sodass du auf diese Weise eine erfolgversprechende Karriere starten kannst.

Die Grundvoraussetzungen

Viele hochsensible Persönlichkeiten verfügen über die Fähigkeit, sich selbst stark zu motivieren. Wenn sie zudem auch noch introvertiert sind, beziehen sie ihre Kraft aus sich selbst und sind weniger als andere Menschen auf die Anerkennung und das Lob von Kollegen und Vorgesetzten angewiesen. Das sind wichtige Grundvoraussetzungen, um als Selbstständiger Erfolg zu haben. Durch eine selbstständige Tätigkeit hast du zudem die Möglichkeit, deinen Broterwerb sinnstiftend zu gestalten. Dies liegt vielen hochsensiblen Menschen sehr am Herzen, sie leiden unter als wenig sinnvoll empfundenen Arbeitsinhalten, mit denen viele Angestellte täglich konfrontiert sind. Darüber hinaus kannst du dein Arbeitsumfeld so gestalten, dass es dir optimale Bedingungen bietet: Rückzugsmöglichkeiten, keine Lärmbelastung, individuelle Arbeitszeiten und ein harmonisches, nach deinem Geschmack eingerichtetes Büro oder eine Praxis schaffen ausgezeichnete Voraussetzungen für erfolgreiches und angenehmes Arbeiten. Insbesondere durch das Abstimmen deiner Arbeitsstunden auf deine persönlichen Bedürfnisse erreichst du ein hohes Maß an Life-Work-Balance. Dazu trägt auch das intensive Arbeiten bei, durch das du in einen als sehr befriedigend empfundenen Flow kommst. Du kannst dich als Selbstständiger voll auf eine Sache konzentrieren und alle störenden Einflüsse vermeiden. So kannst du auch wesentlich bessere Arbeitsergebnisse erzielen als in einem Umfeld, das durch ständige Ablenkung und Reizüberflutung gekennzeichnet ist.

Besondere Anforderungen

Allerdings ist es bei jeder Neugründung erforderlich, Kunden und Aufträge in ausreichendem Umfang zu gewinnen. Die Akquise setzt voraus, dass du auf andere Personen zugehen und Selbstmarketing betreiben kannst. Wenn du dich davon überfordert fühlst, da du zu den introvertierten Hochsensib-

len zählst, eignet sich eine angestellte Tätigkeit besser für dich. Auch wenn du, wie viele andere hochsensible Personen, ein unverbesserlicher Perfektionist bist, kann eine Selbstständigkeit schwierig werden. Du schaffst es dann kaum, Aufträge innerhalb der vereinbarten Zeit abzuarbeiten oder auf einen angemessenen Stundensatz zu kommen. Genauso kann dir ein hohes Maß an Empathie bei einer selbstständigen Tätigkeit Schwierigkeiten bereiten. Diese an sich sehr positive Eigenschaft verhindert beispielsweise, dass du säumige Kunden mit Nachdruck anmahnst oder erforderliche Preiserhöhungen durchsetzt. Genauso kann dir dein starkes Einfühlungsvermögen dabei im Wege stehen, dich gegen Konkurrenten durchzusetzen. Gleichzeitig stellt die Notwendigkeit, dich im Konkurrenzkampf behaupten zu müssen, eine gute Chance dar, mehr Selbstbewusstsein zu gewinnen.
Die folgenden Anforderungen solltest du dir bewusst machen, wenn du dich selbstständig machen willst.

1. **Sei beim Verkauf nicht zu zurückhaltend.** Oft wollen sich Hochsensible nicht aufdrängen und empfinden Verkäufer selbst als störend. Fakt ist, dass dein Unternehmen davon leben wird, ob du Verkäufe abschließen kannst. Zudem ist es wichtig, bestehende Kunden zu behalten. Es ist zehnmal teurer, einen neuen Kunden anzuwerben, als einen Bestandskunden zu halten.
2. **Du brauchst ein solides Selbstwertgefühl.** Dein Vertrauen in dich selbst und deine Geschäftsidee ist deine größte Stärke, wenn du wirklich unerschütterlich daran glaubst. Deine Arbeit verdient eine angemessene Entlohnung, wenn du sie ordentlich machst.

3. **Du solltest auch zumindest etwas Hintergrundwissen über Marketing haben.** Das richtige Marketing lockt Kunden an und sichert so dein Einkommen. Vernachlässige diesen Aspekt der Selbstständigkeit auf keinen Fall, es ist einer der wichtigsten.
4. **Ein Preisgefühl sollte bei dir auch vorhanden sein.** Ein guter Unternehmer weiß, wie viel seine Produkte und Dienstleistungen wert sind. Nur mit einem angemessenen Preis verdienst du viel Geld und hältst deine Kunden bei Laune.
5. **Du darfst nicht die Arbeit *an* der Firma für die Arbeit *in* der Firma vernachlässigen.** Es ist zwar wichtig, in deiner Firma Leistung zu erzielen und Produkte fertigzustellen oder Dienstleistung zu verbessern, aber die Beschaffung, den Vertrieb oder die Finanzen richtig zu managen, sind genauso wertvoll. Du bist jetzt für alle Aspekte einer Firma verantwortlich.

Die Risiken

Bevor du den Schritt in die Selbstständigkeit wagst, solltest du jedoch die damit ebenfalls einhergehenden Risiken bedenken: Jede berufliche Tätigkeit, die du in Eigenregie betreibst, erfordert ein hohes Maß an Selbstdisziplin und -organisation. Du musst selbstständig Strukturen schaffen, um Aufträge pünktlich abzuarbeiten und die Erwartungen deiner Kunden zu erfüllen. Dies ist in vielen Fällen nur unter Zeitdruck möglich, den Hochsensible als Belastung empfinden können. Auch in wirtschaftlicher Hinsicht stellt eine selbstständige Tätigkeit eine Herausforderung dar: Nicht jedes Business, das Gründer mit viel Euphorie starten, erweist sich als Erfolg. Sollte deine Geschäftsidee einen hohen Kapitalaufwand erfordern, kann sie zu existenzgefährdenden Verlusten führen.

Aus diesen Gründen kommt eine selbstständige Tätigkeit eher für einen hochsensiblen Menschen in Frage, der kein extrem ausgeprägtes Sicherheitsbedürfnis besitzt. Dies gilt natürlich nicht für den Fall, dass du über deinen Partner oder andere Einkünfte, zum Beispiel Mieteinnahmen, finanziell abgesichert bist. Falls du unsicher bist, ob dein Gründungskonzept wirtschaftlich tragfähig ist, kannst du zunächst einen angestellten Teilzeitjob weiterführen und in der restlichen Zeit selbstständig arbeiten. Auf diese Weise begrenzt du das finanzielle Risiko und kannst in aller Ruhe testen, ob du mit deiner Selbstständigkeit genug verdienen kannst. Falls du dich für dieses Modell entscheidest, solltest du das Vorhaben mit deinem Arbeitgeber besprechen und dir die selbstständige Tätigkeit von ihm genehmigen lassen. In jedem Fall erfordert eine Gründung einen gewissen zeitlichen Vorlauf. Um mit großer Wahrscheinlichkeit Erfolg zu haben, solltest du einen realistischen Business- und Finanzplan erstellen. Darüber hinaus ist es wichtig, sich mit steuerlichen Themen wie der Abführung von Umsatzsteuer auseinanderzusetzen.

Geeignete Branchen und Gründungsideen

Im IT-Bereich machen sich besonders viele hochsensible Experten selbstständig: Sie arbeiten teils von ihrem Home-Office aus, teils beim Kunden, und entwickeln Software, führen zeitlich begrenzte Projekte, wie die Einführung eines neuen Abrechnungssystems, durch oder übernehmen Wartung und Support von

Systemen. Diese Tätigkeiten werden üblicherweise gut honoriert und bieten dir deswegen ein hohes Maß an finanzieller Sicherheit. Genauso profitierst du bei dieser Arbeit davon, dass Auftraggeber sich gerne langfristig an IT-Dienstleister binden, die effizient und zuverlässig arbeiten.

Empfindsamkeit und Feinfühligkeit ist für viele kreative Berufe ein großer Vorteil: Du bist in der Lage, neue Trends zu erkennen, spontan innovative Konzepte zu entwickeln und unkonventionell zu denken. Als Freelancer genießt du in dieser Hinsicht gute Aussichten als Texter oder Grafikdesigner bei einer Werbeagentur. Selbstständige Grafikdesigner und Fotografen haben ebenfalls hervorragende Chancen, eine erfolgreiche Karriere zu starten. Das Gleiche trifft auf Webdesigner zu.

Auch der soziale und medizinische Bereich bietet zahlreiche Beschäftigungschancen, auch für Selbstständige. Aufgrund des demografischen Wandels sind selbstständige Altenpfleger und -betreuer gefragt, die in der häuslichen Pflege arbeiten oder Unternehmungen mit Senioren organisieren. Als Logopäde, Psycho- oder Ergotherapeut kannst du ebenso eine eigene Praxis eröffnen wie als Physiotherapeut.

Wer hochsensibel ist, hat als Angestellter häufig einen hohen Leidensdruck. Wenn du über eine gefragte berufliche Qualifikation verfügst und gleichzeitig wichtige Soft Skills wie Organisationstalent, ein wenig Risikobereitschaft und Kommunikationsfähigkeit besitzt, kann die Selbstständigkeit eine gute Alternative darstellen.

VERDIENEN SELBSTSTÄNDIGE MEHR ALS ANGESTELLTE?

Wie sieht es mit dem Verdienst aus? Viele Angestellte, wahrscheinlich auch du, haben es sich schon einmal überlegt, einfach in der Firma alles hinzuschmeißen und als Selbstständiger Geld zu verdienen. Kein Chef mehr, der mit Termindruck oder Überstunden nervt. Freie Einteilung der eigenen Arbeitszeit und die Früchte der eigenen Arbeit ernten. Doch verdienst du als Selbstständiger auch mehr als in deinem Job als Angestellter?

Den Zahlen auf den Grund gegangen

Eine Studie des Deutschen Institutes für Wirtschaftsforschung ist dieser Annahme auf den Grund gegangen. Dafür wurden erwerbstätige Personen zunächst gefragt, sich in eine der gegebenen Kategorien einzuordnen.

- Die erste Kategorie waren abhängig Beschäftigte, also Personen, die fest bei einer Firma angestellt sind und von dieser monatlich einen Lohn bekommen.
- Die zweite Gruppe bestand aus Solo-Selbstständigen. Diese Personen gehören keiner Firma an und handeln komplett selbstständig. Sie besitzen auch keine Angestellten oder Partner und müssen selbst alle Aspekte ihrer Arbeit erledigen.
- Die dritte Kategorie umfasste die Selbstständigen mit Angestellten, im Prinzip also Unternehmer, die selbst wieder Personen aus der ersten Kategorie beschäftigen.

Anschließend wurden die an der Studie beteiligten Personen gebeten, ihr monatliches Gehalt anzugeben. Entsprechend dieser Angabe wurden sie dann in eine von acht Kategorien eingeteilt, die nach Höhe des Einkommens gestaffelt sind.

- Abhängig Beschäftigte verdienen im Durchschnitt um die 1300 Euro pro Monat, Werte zwischen 800 und 2400 Euro pro Monat waren häufig vertreten.
- Solo-Selbstständige schnitten schlechter ab. Durchschnittlich 900 Euro gaben diese als Monatsverdienst an, wobei es aber noch mehr Ausreißer nach oben gab. So gaben auch über 2 Prozent dieser Gruppe an, über 4000 Euro monatlich zu verdienen.
- Noch besser sah es bei den Selbstständigen mit eigenen Angestellten aus. Durchschnittlich 2400 Euro wurde hier als Monatsverdienst angegeben, weniger als 1000 Euro pro Monat fast nie. Auch Einkünfte von über 10 000 Euro pro Monate waren mit 3 Prozent der Befragten noch vertreten.

Damit liegt der Mittelwert bei allen Selbstständigen bei ungefähr 2000 Euro, einer deutlichen Steigerung gegenüber den Angestellten.

Die Selbstständigkeit ist ein Lebensstil

Wenn du jetzt aber schon dabei bist, deine Kündigung zu tippen, solltest du noch kurz abwarten. Die Selbstständigkeit ist mehr als ein Beruf. Sie endet nicht mit dem Verlassen des Büros.

Selbstständige müssen gut mit Druck umgehen können und den Überblick behalten. Als Angestellter bist du ein Zahnrad in einer oft riesigen Maschine. Viele andere Angestellte arbeiten auch an der gleichen oder an einer ähnlichen Aufgabe wie du und gemeinsam erzeugt ihr eine Leistung. Die Abteilungsleiter und Firmenchefs tragen zum großen Teil die Verantwortung für den Erfolg des Unternehmens. Das erlaubt dir, zu Hause nicht mehr an den Job denken zu müssen und deine Freizeit zu genießen.

Als Selbstständiger musst du diese Funktionen alle selbst erfüllen. Nur du kannst den Erfolg garantieren, nur du kannst neue Kunden gewinnen. Gerade am Anfang kann es schwer sein, in einer mit Konkurrenz gefüllten Branche Kunden zu akquirieren und ein hohes Einkommen zu erzielen. Dazu kommen viele Anschaffungskosten, je nach Branche, in der du dich selbstständig machen willst.

Nimmst du die Rolle als Selbstständiger an und blühst in ihr auf, wirst du sehr sicher mehr Geld verdienen als ein Angestellter. Zeigst du Durchhaltevermögen und baust dein Unternehmen auf, kannst du selbst Angestellte dazugewinnen und dir so etwas Last von deinen Schultern nehmen. Neben dem finanziellen Erfolg verspüren Selbstständige oft auch mehr Genugtuung als Angestellte. Du kannst den Erfolg deiner Arbeit vollkommen selbst genießen und der soziale Status eines erfolgreich Selbstständigen ist auch sehr gut.

All das Wissen um Selbstständigkeit, funktionierendes Marketing und stabiles Personal Branding wird dir nichts nützen, wenn du unter Geldblockaden leidest. Oder unter Armutsbewusstsein. Oder unter einer ausgeprägten Geldallergie. Leider musste ich in den vergangenen Jahrzehnten viele Hochsensible kennenlernen, die genau darunter litten. So konnten sie bei aller Fachkompetenz und einer liebenswerten Persönlichkeit keine finanziell erfolgreiche Karriere erleben. Damit das bei dir nicht der Fall ist, möchte ich das Geldthema noch einmal vertiefen.

HOCHSENSIBLE MENSCHEN UND GELD

Hochsensible Menschen stecken häufig in einer scheinbar unüberwindlichen Zwickmühle. Sie sind hin- und hergerissen zwischen dem Bedürfnis, das zu tun, was sie glücklich macht, und dem Wissen, dass sie durch einen Job ihre Existenz sichern müssen. Denn immer wieder fällt auf: Hochsensible Menschen verfügen über spezielle Fähigkeiten und Talente, die sie deutlich von ihren Mitmenschen abheben, doch es gelingt ihnen seltener, aus diesen Begabungen »Kapital zu schlagen«. Ein Beruf stellt für hochsensible Menschen eine Berufung dar, sie wollen einen sinnvollen Beitrag leisten und nicht einfach nur ihre »Brötchen verdienen«. Dieser gerechtfertigte hohe Anspruch steht oftmals im Widerspruch zum Bedürfnis nach finanzieller Sicherheit.

Ausgeprägte Wertvorstellungen und die Berufswelt – ein unauflöslicher Konflikt?

Hochsensible Menschen könnten durch ihre vielfältigen Begabungen ihrem Umfeld und ihrem Arbeitgeber viel geben. Es ist aber häufig nicht ihre oberste Priorität, einen gut bezahlten Job zu finden, sondern viel eher einen Job, der dem Hochsensiblen Raum gibt, seine hohen Werte zu leben und sich zu entfalten. Viele hochsensible Menschen haben auch bereits erkannt, dass es sich lohnt, zugunsten ihrer eigenen Persönlichkeit und Gesundheit auf einen sehr gut bezahlten Job zu verzichten, wenn er nicht zu ihnen passt. Zudem stellen hochsensible Menschen ihr Licht oft unter den Scheffel und überlassen es anderen, die Lorbeeren für ihre Arbeit einzuheimsen – Bescheidenheit, ein klassischer Charakterzug eines Hochsensiblen. All das kann dazu führen, dass das Einkommen fein- und vielfühlender Menschen geringer ist, als sie es in Wahrheit verdienen.

Hochsensible Menschen sollten sich für ihre Arbeit dennoch angemessen honorieren lassen. Ausreichend Geld zu verdienen und seine Lebensziele erfüllen, muss nicht der Ausübung der eigenen Berufung zuwiderlaufen. Honorar- oder Gehaltsverhandlungen sollten von hochsensiblen Menschen immer unter dem Aspekt gestaltet werden, was ihre Arbeit wert ist. Das funktioniert aber nur, wenn sie ein gesundes Verhältnis zu ihren möglichen Einkünften haben – und keine Geldallergie oder ein Armutsbewusstsein. Deine Beziehung zu Geld bestimmt auch deine persönliche Freiheit.

Geld ist heute in der Gesellschaft tabu

Weißt du, was deine Eltern verdienen, was deine Freunde auf dem Konto haben oder wie viel deine Oma im Sparstrumpf hat? In der Regel ist das nicht der Fall, denn die meisten Deutschen weichen dem Thema schneller aus, als wenn es um Tod oder Sex geht. Diese drei Themen sind noch immer mit den größten Tabus belegt. Und wie sieht es bei dir aus?

Du hast immer zu wenig Geld?

Glaubst du wirklich, dass das in fünf oder zehn Jahren anders aussieht, wenn du jetzt nichts an deinem Verhältnis zu Geld änderst? Du definierst dich zwar nicht über Geld, wirst aber immer wieder mit Geld konfrontiert und musst dich irgendwie damit auseinandersetzen. Prüfe nun deine persönliche Beziehung zu Geld, Reichtum, Wohlstand. Diese Beziehung kann heiß und innig, neutral und abgeklärt sein oder aber unangenehm und unbefriedigend. Wichtig ist, dass du dir bewusst machst, wie du zu deinem Geld stehst.

Geld ist zunächst nur ein Tauschmittel, für das du nützliche Produkte und Dienstleistungen erhältst oder mit dem du honoriert wirst, wenn du angemessen wertgeschätzt wirst. Aber lass uns einmal ein Gedankenexperiment machen: Stell dir vor, Geld wäre ein lebendiges Wesen, wie ein Mensch oder ein Tier. Wie könnte ein Wesen gerne mit dir zusammen sein, deine Nähe suchen, und dir wohlgesonnen sein, wenn du denkst:

- es ist pfui;
- es macht einsam;
- es ist nicht wichtig;
- du brauchst es nicht;
- viel davon macht unglücklich;
- du kannst auch gut ohne es glücklich sein;
- darüber spricht man nicht;
- mit ihm hört die Freundschaft auf;
- es verdirbt den Charakter;
- es ist die Wurzel allen Übels;
- immer wenn du es bekommst, hat es ein anderer verloren;
- wenn du viel davon hast, wirst du nur noch deswegen geliebt;

- du wirst immer sehr hart dafür arbeiten müssen, wenn du es in deinem Leben haben willst;
- wer viel davon will, muss über Leichen gehen.

Wenn du einen oder mehrere dieser Gedanken über Geld kennst, dann werden diese negativen Glaubenssätze garantiert verhindern, dass du genug oder gar richtig viel davon in deinem Leben hast. Aber das muss nicht so bleiben.

So wirst du dich besser mit Geld verstehen

Du kämpfst Tag für Tag um deinen Lebensunterhalt und steckst irgendwie fest? Du bist frustriert und verstehst nicht, warum das Geld nicht zu dir fließt? Dies hat seine Gründe und dagegen kannst du etwas tun! Du bekommst nun vier Schlüssel für Reichtum und finanzielle Fülle in deinem Leben an die Hand. Du wirst dann leichter verstehen, dass du in keinem Widerspruch lebst, wenn du Geld in dein Leben einlädst.

Du hast jetzt schon ein mulmiges Gefühl in deinem Magen? Deine innere Stimme sagt dir bereits: »Geld macht mich zu einem materiellen Menschen, und das ist nicht gut!« Beachte deine Reaktionen auf das Geldthema, es sind wichtige Hinweise für deinen Veränderungsprozess, der unter dem Motto steht: »Geld und die gesamte Lebensfülle darf und soll zu dir kommen.«

Gerade hochsensible Menschen arbeiten oft mit viel Herzblut und engagieren sich in ihrem Beruf. Ein Geldproblem hast du dann, wenn schon ab Monatsmitte das Geld immer weniger wird und bis zum Ende des Monats fast ein Überlebenskampf entsteht. Irgendwann steigt Frust in dir auf und die eigentlich geliebte Arbeit wird langsam zum morgendlichen Leidensweg. Dann ist nicht nur der Geldfluss, sondern auch der Energiefluss nicht mehr stimmig, und es wird höchste Zeit, dass du daran etwas änderst.

Schlüssel 1: Erkenne deine begrenzenden Glaubenssätze

Tief in deinem Unterbewusstsein haben sich negative Glaubenssätze wie die oben aufgezählten verankert. Negative Glaubenssätze um Geld beinhalten mehr, als du denkst. Ist dir schon einmal aufgefallen, wie die Menschen Angst um ihr Geld haben? Sie haben Angst vor Diebstahl und davor, nicht genügend zu bekommen. Neid und Missgunst spielen hier ebenso eine Rolle. Erkenne und verändere deine negativen Glaubenssätze, denn Geld darf und soll fließen. Du allein bestimmst, was mit dem Geld geschieht, das zu dir fließt. Fließt das Geld nicht entsprechend zu dir, kannst du nicht das Leben führen, das dir am Herzen liegt. Liegt es dir am Herzen, dass du mehr Geld spendest oder zwei Tage die Woche für karitative Einrichtungen umsonst arbeitest? Dann benötigst du einen entsprechend strömenden Geldfluss.

Du bist es wert, in Fülle zu leben. Dies ist dein erster Schlüssel von deinem universellen Schlüsselbund, den du zur Hand nimmst, wenn ein negativer Glaubenssatz in dir hochkommt. Visualisiere einen Schlüssel, nimm ihn vor deinem inneren Auge in die Hand und umschließe deinen »Fülle«-Schlüssel liebevoll. Es ist der Schlüssel dazu, deine Träume leben zu können.

Schaue nicht kritisch und mit Ängsten auf deinen Kontostand

oder deine Schulden oder auf den monatlichen Gehaltszettel. Gönne dir und anderen Menschen wahre Fülle. Sieh Menschen, die über viel Geld verfügen, positiv. Verändere negative Glaubenssätze wie: »Reiche können ihr Geld nur ergaunert haben.« Dies sind nur völlig nutzlose, falsche und hemmende Gedanken.

Bedanke dich von Herzen für das, was du schon hast. Freude und eine tiefe Dankbarkeit sind wahre Magneten der Fülle. Sie lassen auch mehr Geld in Leichtigkeit zu dir fließen. Sei dir bewusst, wie wertvoll du bist, mit dem was du tust, damit das Geld zu dir fließen kann.

Schlüssel 2: Löse deine begrenzenden Glaubenssätze

Die meisten limitierenden Glaubenssätze – die auch Autosuggestion oder Selbstaffirmation genannt werden – haben durch ständiges Wiederholen im Laufe der Jahre als Überzeugungen bei dir im Unterbewusstsein an Macht gewonnen. Du kannst auf ähnliche Weise solche Glaubenssätze auflösen und umkehren.

Nehmen wir beispielsweise die Aussage: »Geld verdirbt den Charakter.« Nun suchst du dir mindestens ein Gegenbeispiel und schreibst es dir auf. Hier kannst du auf die reichsten Menschen dieser Welt schauen. So spenden Bill Gates und Warren Buffett einen Großteil ihres Vermögens für wirklich arme Menschen. Falls dir das nächste Mal der Satz »Geld verdirbt den Charakter« durch den Kopf geht, dann ruf dir diese oder andere Gegenbeispiele in Erinnerung und im Laufe der Zeit wird sich dieser negative Glaubenssatz über Geld auflösen.

Hinterfrage auch die Grenze der Höhe eines möglichen monatlichen Gehalts. Vielleicht hast du bisher geglaubt: Ich werde nie mehr als 3000 Euro im Monat verdienen. Dann nimm nun diese derzeitige persönliche Grenze und frag dich, woher du diese Grenze hast, wieso sie stimmen sollte und wie dein Leben ohne diesen limitierenden Glaubenssatz aussehen könnte.

Schaue dir deine weiteren begrenzenden Glaubenssätze an, von »Ich brauche kein Geld zum Leben« bis hin zu »Geld allein macht auch nicht glücklich«. Jetzt formuliere sie positiv um:

- »Ich lebe in Fülle und verdiene es.«
- »Das Geld fließt immer zu mir.«
- »Geben und Nehmen ist eine Balance in meinem Leben.«
- »Ich bin ein Geldmagnet.«
- »Ich kann hochsensibel und reich sein.«
- »Es ist für mich ein Segen, Geld mit offenem Herzen anzunehmen.«

Schlüssel 3: Aktiviere deine Magneten für die Balance zwischen Geben und Nehmen

Wenn du dir immer wieder sagst: »Ja, ich darf Fülle erleben«, ist es viel leichter, Geld und finanzielle Fülle in dein Leben einzuladen. Sobald dein altes Gedankenmuster sich breitmacht (»Das kann nicht sein«), bleibe ganz bei dir. Stell dir vor, was du mit der Fülle alles tun kannst, und bleibe in deiner inneren Mitte.

Dieser Schlüssel zeigt dir, dass du nach dem Nehmen wieder geben solltest. Nach dem Geldverdienen solltest du es wieder weiter fließen lassen. Auch wenn du gerade wenig Geld hast, genieße es im Rahmen deines Möglichen, dein Geld auch auszugeben. Je mehr glückliche Gefühle du beim Ausgeben hast, umso lieber kommt das Geld wieder zu dir zurück. Stell dir vor: Geld liebt Menschen, die im Fluss des Lebens stehen! Auch hier können positive Geldaffirmationen helfen, die deine Großzügigkeit und das Vergnügen, Geld freudig und dankbar wegzugeben, fördern:

- »Ich lasse mein Geld fließen, damit es vielfach wieder zu mir zurückkehren kann.«
- »Meine Einnahmen übersteigen in jedem Fall meine Ausgaben.«
- »Meine Großzügigkeit anderen gegenüber macht auch andere mir gegenüber großzügig.«

Nimm an, wenn dir jemand etwas schenkt, und bedanke dich herzlich dafür. Steige ein in den Kreis des Gebens und Nehmens. Habe kein schlechtes Gewissen. Dir wird gegeben und du nimmst gerne an. Du wirst sehen, wie der Kreislauf immer größer wird und du immer mehr geben kannst, weil du immer mehr nehmen konntest.

Schlüssel 4: Passe dein Umfeld an und lerne von erfolgreichen Menschen

Menschen sind Wegbegleiter. Du bist in einem Veränderungsprozess und willst dich aus deinen alten Mustern lösen. Falls es nun Menschen in deinem Leben gibt, die an einer Kreuzung in unterschiedliche Richtungen gehen, nimm diese Entwicklung an und kämpfe nicht dagegen. Es wird es immer wieder geschehen oder gar notwendig sein, dass Lebenswege auseinandergehen. Löse dich von Energieräubern und Menschen, die dich als armes Wesen oder gar Opfer sehen, die dich in deiner Transformation nicht unterstützen oder gar kleinhalten wollen. Denn nicht nur im Materiellen geht es darum, Fülle zu erlangen, sondern ebenso im Persönlichen. Beides ist für den Energiefluss wichtig. Habe den Mut, dich zu verabschieden, damit Fülle in allen Bereichen zu dir fließen kann.

Investiere in deine Entwicklung

Mache eine Reise und du kommst mit einer Fülle an Ideen zurück. Umgib dich mit Menschen, die Visionen haben. Lass dich von ihnen mitreißen. Lies Bücher von Menschen, die ihren Traum verwirklicht haben. Besuche Seminare, nimm dir einen Finanzcoach, investiere in deine Zukunft und lass dich mit in den positiven Energiefluss reißen.

Beobachte dich dabei, wie du dir sagst: »Das kann ich mir nicht leisten.« Das kenne ich nur allzu gut. Ich habe viele, viele Jahre immer wieder diesen Gedanken gehabt. Er war richtig hartnäckig. Mal ging es um eine Reise, mal um ein Seminar oder Coaching oder um eine Anschaffung. Besonders wenn es um Investitionen in dich selbst geht, gebe ich dir den wertvollen Tipp: Glaube nicht deinen eigenen Gedanken.

Mir half einer meiner Klienten, diesen uralten Glaubenssatz zu verändern. Dieser Mann, nennen wir ihn einmal Peter, war und ist sehr, sehr wohlhabend; finanzielle Probleme kennt er nicht. Ganz im Gegenteil: Sein Coachingziel war herauszufinden, in welche seiner Ideen und Projekte er zuerst investieren sollte und welche er zurückstellen sollte: Er wollte wissen, welche seiner Beteiligungen er abstoßen und welche Start-ups er unterstützen sollte, welches Projekt zu viel Energie kostete und zu wenig Freude brachte und welche seiner Tätigkeiten genug Zeit und Kraft für seine Familie ließen. Es ging darum, Licht ins Chaos der Möglichkeiten zu bringen. Ein typisches Zielfindungs- und Entscheidungscoaching.

Peter war keineswegs als reicher Erbe geboren, aber er hatte Eltern, die Geld nicht mit einem Tabu belegt hatten. Als Kind schaute er nach, ob sein Vater den Notgroschen der Familie, ein paar große Scheine, noch zwischen seiner Unterwäsche liegen hatte. Und mit seinem Bruder durfte er an Weihnachten gemeinsam das Sparschwein mit dem Kleingeld aus den Hosentaschen des Vaters vom gesamten vergangenen Jahr schlachten und die Familie fuhr in den alljährlichen Skiurlaub. Nachdem mir mein Klient das erzählt hatte, sprang er auf, ging zur Garderobe, holte seinen Geldbeutel und zog einen 500-Euro-Schein heraus. Peter sagte, dass er immer diesen Schein bei sich habe, um nur ja nicht auf die Idee zu kommen, dass Geld gefährlich sein könnte (negativer Glaubenssatz: »So viel Bargeld kann ich doch nicht bei mir haben, was da alles passieren kann«), und damit er immer magnetisch mehr davon in seinem Geldbeutel haben würde.

Genau das habe ich dann auch gemacht: Über viele Jahre trug ich immer 500 Euro mit mir herum. Und natürlich hat das gewirkt. Meine OpenMind-Akademie wuchs und gedieh. Wir hatten mehr Klientenanfragen und Bewerber für unsere Ausbildungen, als wir bewältigen konnten, und immer genau die passenden Mitarbeiter und Geschäftspartner.

Dieser vierte Schlüssel ist wirklich besonders wichtig, es ist sozusagen ein Universalschlüssel für finanzielle Fülle.

Lerne von erfolgreichen Menschen, die schon dort sind, wo du noch hinwillst. Nimm sie als Beispiel und frage sie, wie sie das geschafft haben. Alle erfolgreichen Menschen, die ich bisher kennengelernt habe, und das waren viele, hatten einen oder mehrere Finanzberater und Coaches. Du solltest diesem Coach vertrauen. Ein Coach oder Mentor erwartet oft mehr von dir, als du dir selbst zutraust. So treibt er dich zu höheren Zielen an, als du sie dir selbst stecken würdest, und so erreichst du mehr, als du dir überhaupt hättest träumen können. Er macht mit dir gemeinsam aufgrund seiner eigenen Erfahrung das Optimale aus deinem Talent, deiner Empfindsamkeit, und hilft dir dabei, Fehler zu vermeiden.

EIN PAAR LETZTE WORTE

Ein Meditationslehrer erzählte von einem Mann, der nichts mehr zu tun haben wollte mit dem Stress des Lebens. Er zog in eine Höhle, um dort bis ans Ende seiner Tage zu meditieren, Tag und Nacht. Aber bald schon kam er wieder heraus. Das Geräusch des tropfenden Wassers in der Höhle hatte ihn fertiggemacht. Die Moral von der Geschichte: Stress wird zumindest gewissermaßen immer da sein, gerade, wenn wir sehr sensibel sind. Was wir brauchen, ist ein neuer Weg, mit diesen Stressoren umzugehen.

ELAINE N. ARON

Als sensibler Mensch kannst du leicht auf die Idee kommen, dass du dein Leben mit weniger Stress besser leben kannst. Daher versuchst du, alle möglichen Stressquellen in deinem Leben zu reduzieren. Das ist völlig richtig, aber nur eine Seite der Medaille. Ebenso wichtig ist es zu lernen, gesund und harmonisch mit Stress umgehen zu können. Ganz besonders im Berufsleben, wo wir bestimmten und veränderlichen Umständen ausgesetzt sind und nicht über die gleiche Freiheit verfügen wie im Privatleben.

In diesem Buch habe ich dir viele Informationen und praktische Umsetzungsempfehlungen für deine Karriere als hochsensibler, feinsinniger Mensch angeboten. Nicht OBWOHL, sondern WEIL du über die Hochbegabung der Sinne verfügst, kannst du genau damit erfolgreich sein. Jetzt weißt du auch, wie. Nun liegt es an dir, was du daraus machst. Ich weiß aus meiner eigenen persönlichen Erfahrung und aus der Arbeit mit Hunderten von feinfühligen, empathischen Menschen, dass Empfindsamkeit keine Bürde oder gar Fluch zu sein braucht. Nein, Hochsensibilität ist eine wahre Kraftquelle, wenn man gelernt hat, gut mit ihr umzugehen.

Es muss einen Grund geben, warum es Menschen gibt, die diese Fähigkeiten haben, denn sonst wären sie anders geworden. So meine eigene ganz simple Lebensphilosophie. Im ganzen Universum gibt es nichts Nutzloses, alles hat einen Sinn. Wir verstehen diesen Sinn nicht immer, aber wenn du diese Grundannahme mit mir teilen kannst, dann muss es logischerweise auch einen guten Grund geben, warum du hochsensibel und hochsensitiv geworden bist. Mein Motto ist: »Wo meine Gaben sind, sind auch meine Aufgaben.« Schau einmal, was dir deine feinen Sinne über deine Berufung und deine Bestimmung sagen können. Welche (Lebens-)Aufgaben könnten damit verbunden sein?

Ich wünsche dir viel Freude bei deiner persönlichen Karriereentwicklung. Als dein eigener Coach kannst du viel erreichen. Aber wenn du meine Unterstützung brauchst, bin ich gerne für dich da. Du findest mich über meine Website: www.open-mind-akademie.de

Meine guten Wünsche begleiten dich auf deinem Weg.

Herzlichst
Deine Anne Heintze

ZUM NACHSCHLAGEN

◇◇◇◇

Weitere Bücher der Autorin

Anne Heintze: *Außergewöhnlich normal. Hochbegabt, hochsensitiv, hochsensibel*, Ariston 2013

Anne Heintze: *Seelenpartner – Liebe Ohne Limit*, Integral 2015

Anne Heintze: *Ich spüre was, was du nicht spürst: Wie Hochsensible ihre Kraftquellen entdecken*, GU 2015

Anne Heintze: *Erotische Intelligenz: Hochsensibel lieben und sinnlich leben*, Integral 2017

Anne Heintze: *Kopf aus, Bauch an? Die Balance zwischen Verstand und Intuition finden*, GU 2016

Anne Heintze: *Auf die leise Weise: Wie Introvertierte ihre Stärken erkennen und nutzen*, GU 2016

Anne Heintze: *Auf viele Arten anders: Die vielbegabte Scanner-Persönlichkeit*, Ariston 2016

Anne Heintze und Ananda Hummer: *Die Gabe der Empathen*, mvg 2018

Andere Autorinnen und Autoren

Abrahamsson, Ihrén: *Sensitivity Unveiled – Your unrecognized power*, 2012

Abriel, Karin: *Aber ich kann es doch spüren! Hochsensibilität als Potenzial nutzen*, Crotona 2017

Aron, Elaine N.: *Hochsensibilität in der Liebe: Wie Ihre Empfindsamkeit die Partnerschaft bereichern kann*, mvg 2019

Aron, Elaine N.: *Sind Sie hochsensibel?: Wie Sie Ihre Empfindsamkeit erkennen, verstehen und nutzen*, mvg 2018

Bauer, Joachim: *Warum ich fühle, was du fühlst: Intuitive Kommunikation und das Geheimnis der Spiegelneurone*, Heyne 2006

Brackmann, Andrea: *Ganz normal Hochbegabt. Leben als hochbegabter Erwachsener*, Klett-Cotta 2007

Brackmann, Andrea: *Jenseits der Norm – hochbegabt und hochsensibel?* Klett-Cotta 2008

Brown, Brené: *Die Gaben der Unvollkommenheit*, J. Kamphausen 2013

Cain, Susan: *Still – Die Bedeutung von Introvertierten in einer lauten Welt*, Rieman 2011

Diercks, Nicole: *Hochsensibel? Zwischen Ekstase und Burnout*, Books on Demand 2015

Falkenstein, Tom: *Hochsensible Männer – Mit Feingefühl zur eigenen Stärke*, Junfermann 2017

Furman, Ben: *Es ist nie zu spät, eine glückliche Kindheit zu haben*, Borgmann 2010

Kagan, J.: *Galen's prophecy: Temperament in human nature*, Basic Books 1994

Jaeger, Barrie: Making Work Work for the Highly Sensitive Person, McGraw-Hill Education, 2005

Kahnemann, Daniel: *Schnelles Denken, langsames Denken*, Siedler 2012

Kaluza, Gert: *Stressbewältigung*, Springer 2011

Klages, Wolfgang: *Der sensible Mensch: Psychologie*, Psychopathologie, Therapie, Enke 1978

Löhken, Sylvia: *Leise Menschen – starke Wirkung*, Gabal 2012

Löhken, Sylvia: *Intros und Extros*, Gabal 2014

Hart, Susann Marletta: *Leben mit Hochsensibilität: Herausforderung und Gabe*, Aurum 2009

Pfeifer, Samuel: *Der sensible Mensch – Leben zwischen Begabung und Verletzlichkeit*, SCM Hänssler 2012

Rizzolatti, Giacomo: *Empathie und Spiegelneurone. Die biologische Basis des Mitgefühls*, Suhrkamp 2008

Rohleder, Luca: *Die Berufung für Hochsensible: Die Gratwanderung zwischen Genialität und Zusammenbruch*, dielus edition 2017

Schweingruber, Eduard: *Der sensible Mensch: Psychologische Ratschläge zu seiner Lebensführung*, Rascher 1945

Steiner, Rudolf: *Die zwölf Sinne des Menschen: In ihrer Beziehung zu Imagination, Inspiration und Intuition*, Steiner 2005

Taleb, Nassim Nicholas: *Antifragilität*, btb 2014

Thiele-Dohrmann, Klaus: *Intuition. Göttlicher Funke oder unbewusster Datenspeicher?* Kabel 1990

Traufetter, Gerald: *Intuition. Die Weisheit der Gefühle*, Rowohlt 2007

Vester, Frederic: *Neuland des Denkens. Vom technokratischen zum kybernetischen Zeitalter*, dtv 1985

Webb, James T. et al.: *The Misdiagnosis and Dual Diagnoses of Gifted Children and Adults: ADHD, Bipolar, OCD, Asperger's, Depression, and Other Disorders*, Great Potential Press 2005

Winner, Ellen und Klostermann, Maren: *Hochbegabt: Mythen und Realitäten von außergewöhnlichen Kindern*, Klett-Cotta 1998

Zeff, Ted: *The Highly Sensitive Persons Survival Guide: Essential Skills for Living Well in an Overstimulating World*, New Harbinger Publications 2004

Zeff, Ted: *The Highly Sensitive Persons Companion: Daily Exercises for Calming Your Senses in an Overstimulating World*, New Harbinger Publications 2007

Zeff, Ted: *The Strong Sensitive Boy – Help Your Son Become a Happy, Confident Man,* Prana Publishing 2010

Internetquellen

Knight-Jadczyk, Laura: »Ivan Pawlow und die Überlastungshemmung«. https://de.sott.net/article/1830-Ivan-Pawlow-und-die-Uberlastungshemmung. Letzter Zugriff 25.02.2019

Schöne, Lajos: »Hochsensibilität – Fakt oder übertriebener Hype?« In: *Welt online* vom 21.10.2015. welt.de/gesundheit/psychologie/article147880334/Hochsensibilitaet-Fakt-oder-uebertriebener-Hype.html. Letzter Zugriff 19.12.2018

Langosch, Nele: »Gibt es hochsensible Menschen?« https://www.spektrum.de/news/hochsensibilitaet-der-streit-um-die-feinfuehligkeit/1412989. Letzter Zugriff 19.10.2018

Thivissen, Patricia: »Zu viel Welt fürs Gehirn«. In: *Bild der wissenschaft online*, Ausgabe 5/2013, S. 88. https://www.wissenschaft.de/gesellschaft-psychologie/zu-viel-welt-fuers-gehirn/. Letzter Zugriff 21.12.2018

Aron, Elaine N. und Aron, Arthur: »Sensory-Processing, Sensitivity and its Relation to Introversion and Emotionality«. http://hsperson.com/pdf/JPSP_Aron_and_Aron_97_Sensitivity_vs_I_and_N.pdf. Letzter Zugriff 05.02.2019

Benham, Grant: »The Highly Sensitive Person: Stress and physical symptom reports«. *Personality and Individual Differences,* 40, S. 1433–1440, 2006. https://happyhooggevoelig.nl/files/HSP%20stress%20and%20physical%20symptoms.pdf. Letzter Zugriff 28.05.2019

Heck, Patrick R. und Krueger, Joachim I.: »Social Perception of Self-Enhancement Bias and Error«, *Social Psychology* (2016), 47, S. 327–339.https://econtent.hogrefe.com/doi/full/10.1027/1864-9335/a000287. Letzter Zugriff 05.12.2018

Fink, Michael T.: »Paradox of Humility«. https://michaeltoddfink.com/kindmind/2018/3/7/paradox-of-humility. Letzter Zugriff 17.02.2019

Fritsch, Michael; Kritikos, Alexander S. und Sorgner, Alina: »Verdienen Selbstständige tatsächlich weniger als Angestellte?« DIW Wochenbericht, EconStore. https://www.econstor.eu/bitstream/10419/107617/1/818309946.pdf. Letzter Zugriff 17.02.2019

Lernen und Spazierengehen:

Schaefer, Sabine; Lövdén, Martin; Wieckhorst, Brigit und Lindenberger, Ulman: »Cognitive performance is improved while walking: Differences in cognitive-sensorimotor couplings between children and young adults«. https://www.tandfonline.com/doi/abs/10.1080/17405620802535666. Letzter Zugriff 13.03.2019

Gehirnfunktionen und Bewegung:

»Exercise Appears To Improve Brain Function Among Younger People«. https://www.sciencedaily.com/releases/2006/12/061219122200.htm. Letzter Zugriff 13.03.2019

Kreativität und unbewusste Prozesse:
Ritter, Simone M. und van Baaren, Rick B.: »Creativity: The role of unconscious processes in idea generation and idea selection«. https://www.sciencedirect.com/science/article/pii/S1871187111000666. Letzter Zugriff 13.03.2019

Hilfreiche Adressen

www.open-mind-akademie.de
OpenMind-Akademie, Coaching und Beratung für hochsensible, hochsensitive und hochbegabte Menschen in privaten und beruflichen Lebensfragen

www.hochsensibel.org
Der Informations- und Forschungsverband für Hochsensibilität in Deutschland

www.ifhs.ch
Institut für Hochsensibilität, Schweiz

www.hochsensibilitaet.ch
Schweizer Seite für hochsensible Personen mit Listen für Therapeuten und spezialisierten Beratern

www.zartbesaitet.net
Die Homepage von Zartbesaitet, dem österreichischen Verein zur Förderung und Pflege der Belange hochempfindlicher Menschen

www.hochsensitiv.net
Netzwerk von Hochsensiblen für Hochsensible in Österreich mit Informationen, konkreten Angeboten für Einzelpersonen und Gruppen

www.hsp-eu.com
European Centre for High Sensitivity in London. Es bietet spezielle therapeutische Dienstleistungen für HSP an

ÜBER DIE AUTORIN

◇◇◇◇

Anne Heintze ist Bestsellerautorin und Coach für außergewöhnliche Menschen. Sie ist führende Expertin für Hochsensibilität, Hochsensitivität und Hoch- und Vielbegabung (Scanner-Persönlichkeiten). Ihr Herz schlägt für alle Menschen, die **VIEL** vom Leben wollen, die **MEHR** fühlen, **TIEFER** wahrnehmen und **GROSSE** Visionen realisieren wollen.
Seit 1988 hat sie Tausende Menschen bei der Realisierung ihres Potenzials begleitet, einige erfolgreiche Bücher veröffentlicht und viele kompetente OpenMind-Coaches ausgebildet.

Anne ist eine konsequente Possibilistin: Sie denkt in Möglichkeiten, erfühlt Lösungen und entdeckt so Chancen. Als begeisternde Inspirateurin und Mutmacherin für alle, die mehr vom Leben wollen, bewegt sie viele Menschen. Dabei ist sie eigensinnig, humorvoll und nimmt kein Blatt vor den Mund. Ihr Wissen als Menschenbegleiterin gibt sie leidenschaftlich gerne in ihren Büchen, in ihren Coaching-Angeboten und als Speakerin in Kongressen weiter.

Website: www.open-mind-akademie.de
Videos: http://www.youtube.com/user/OpenMindKanal
Facebook: https://www.facebook.com/AnneHeintzeLife